BB
Management

ARBEITSHEFTE FÜHRUNGSPSYCHOLOGIE

Herausgegeben von

Prof. Dr. Ekkehard Crisand, Wilhelmsfeld und
Prof. Dr. Gerhard Raab, Ludwigshafen

Band 3

Führungsstile – Management by Objectives

und andere Führungsmethoden

von
Dr. Rainer W. Stroebe

Dipl.-Psychologe, Management-Trainer
Wörthsee

8., völlig überarbeitete und erweiterte Auflage 2007

Mit 17 Abbildungen und zahlreichen Tabellen

 Verlag Recht und Wirtschaft GmbH
Frankfurt am Main

**Bibliografische Information
der Deutschen Nationalbibliothek**

Die Deutsche Nationalbibliothek verzeichnet diese Publikation in der Deutschen Nationalbibliografie; detaillierte bibliografische Daten sind im Internet über http://dnb.ddb.de abrufbar.

ISBN: 978-3-8005-7334-9

Druckvorstufe: Lichtsatz Michael Glaese GmbH, 69502 Hemsbach

Druck und Verarbeitung: Druckerei Lokay e. K., 64354 Reinheim

Umschlagentwurf: Rainer Schmitt, 68199 Mannheim

♾ Gedruckt auf säurefreiem, alterungsbeständigem Papier, hergestellt aus chlorfrei gebleichtem Zellstoff (TCF-Norm)

Printed in Germany

Inhalt

Einführung

Der Chef als Produktivitätsbremse: (nach *D. Deckstein*)

Deutschland und USA belegen den Spitzenplatz bei Produktivität mit 63 % produktiv genutzter Arbeitszeit, Spanien, Frankreich ... 61 %. Womit werden 37 % der am Arbeitsplatz verbrauchten Zeit verplempert? Fast 70 % der in Deutschland vergeudeten Arbeitszeit geht auf das Konto von Missmanagement (= 160 Mrd. Euro). Das mittlere Management ist besonders ineffektiv, insbesondere mangelt es an der Fähigkeit, Wichtiges von Unwichtigem zu trennen, Prioritäten zu setzen, und es werden zu viele unnötige Meetings anberaumt.

42 % der deutschen Arbeitnehmer sehnen sich nach klaren Zielen ihrer Chefs.

Im Band 2 „Grundlagen der Führung" der Arbeitshefte Führungspsychologie haben wir uns mit drei Merkmalen der Führung auseinandergesetzt: *Führungskraft, Mitarbeiter* und *Gruppe*.

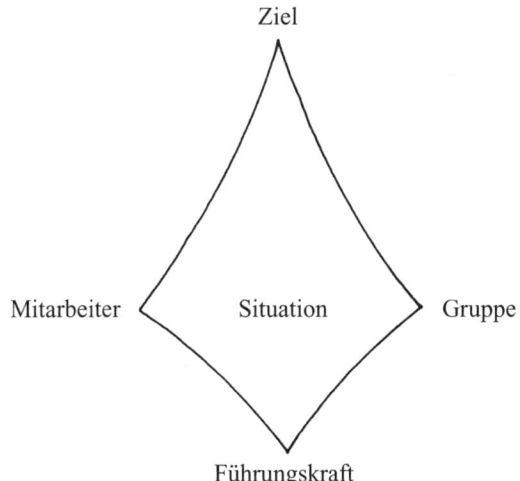

Abb. 1: Merkmale der Führung

Unter anderem wurden die Fragen beantwortet:

- Was heißt „Führen"?
- Welche Einstellungen und Verhaltensweisen benötigen Führungs-
  kräfte, und welche Aufgaben nehmen sie wahr?
- Wie sollen sich Mitarbeiter verhalten, und wie lassen sich die Ur-
  sachen für abweichendes Mitarbeiterverhalten schnell und sicher
  ermitteln?
- Wann ist Gruppenarbeit sinnvoller als Einzelarbeit?
- Was heißt „Gruppendruck"? Und wie begegnet man ihm?
- Wodurch zeichnet sich eine leistungsfähige Gruppe aus?

Dieses Heft setzt sich nun schwerpunktmäßig mit zwei weiteren
Merkmalen der Führung, *„Ziel"* (Methoden zur Zielerreichung) und
„Situation" auseinander (Abb. 1).

Der Inhalt des Heftes ist aufgegliedert in fünf Teile. Im ersten Teil
geben wir in knapper Form einen Überblick über die bekanntesten
Management-Techniken oder „Management by's ...". Von diesen
Methoden hat sich „Management by Objectives" am besten bewährt.
Der zweite Teil des Heftes erklärt daher die Bedeutung einer *gemeinsamen Zielsetzung* von Unternehmen und Mitarbeitern und wie „Management by Objectives" oder „Führen durch Zielvereinbarung"
praktiziert werden kann. Im dritten Teil klären wir, warum ein *zielgerichtetes Vorgehen* für Unternehmen heute essentiell ist und auch in
Zukunft sein wird. Der vierte Teil fasst zusammen und im fünften
Teil können Sie sich mit einer Checkliste noch einmal kontrollieren
und für Ihre Praxis Schlussfolgerungen ziehen.

Unter anderem werden in den vier Teilen folgende Fragen beantwortet:

- Welche „Management by's ..." gibt es?
- Was sind ihre charakteristischen Merkmale?
- Was ist die gemeinsame Zielsetzung von Unternehmen und Mitar-
  beitern?
- Welche Bedeutung haben Ziele für den Führungsprozess?
- Wie kommen gemeinsame Ziele zustande?
- Was heißt „Management by Objectives", und wie wird es prakti-
  ziert?
- Was sind Leistungsstandards? Was für Leistungsstandards gibt es?

- Wozu dienen Kontrollverfahren im Rahmen von „Management by Objectives"?
- Was erfordert die Einführung von „Management by Objectives" in ein Unternehmen?
- Welche Vorteile bringt „Management by Objectives" für die Motivation der Mitarbeiter? (siehe auch Heft 56 „Motivation und Zielvereinbarung")
- Welche Bedeutung hat die jeweilige Situation für die Zielerreichung?
- Was kennzeichnet unsere heutige und künftige Situation?
- Welche Konsequenzen ergeben sich daraus für Führungskräfte?

Zunächst noch zwei methodische Hinweise:

1. Vergleichen Sie bitte das, was Sie lesen, mit Ihren eigenen Erfahrungen. Bauen Sie auf diesen auf. Beachten Sie dabei: Jede Praxis baut auf guter Methodik auf, auch der Kapitän braucht Karte und Kompass.
2. Wenden Sie das, was Sie lesen, bitte praktisch an. Beginnen Sie bei sich selbst. Sehen Sie sich selbst als Teil Ihrer Führungsprobleme. Handeln Sie bitte nach dem Motto: „Wenn ich nicht bei mir selbst anfange, wer macht es sonst?"

Warum diese methodischen Hinweise?

Genau wie Sie möchten wir, dass die Zeit und Energie zum Bearbeiten dieses Heftes Ihnen Erfolg bringt, als „Hilfe zur Selbsthilfe".

I. Teil: Management-Techniken im Überblick

Carlos Ghosn: „Das gibt es nicht: Gutes Management und schlechtes Ergebnis."

Und: Top-Manager werden unbeliebter – Notendurchschnitt: 2,7 (SZ, 5. 7. 04).

Es sind zahlreiche „Management by's ..." aufgetaucht – und verschwunden. Häufig wurden einzelne Techniken als das „non plus ultra" verkauft und aufgenommen. Wie das Schaubild „Management-Techniken im Führungsprozess" (Abb. 2) zeigt, bietet keine der Techniken – für sich allein angewendet – ein geschlossenes Führungskonzept. Die Techniken ergänzen sich gegenseitig.

Einige Techniken allerdings weisen größere Geschlossenheit auf. Beispielsweise:

– Management by Objectives,
– Management by Delegation,
– Management by Exception,
– Management by Systems.

Diese vier Techniken stellen wir auf den folgenden Seiten jeweils in knapper Form dar. *Management by Objectives*, als die wohl am besten bewährte Methode, wird danach im zweiten Teil des Heftes unter Führungsaspekten näher erläutert, während sich der mehr arbeitsmethodische Aspekt in Band 7 (Arbeitsmethodik I) dieser Reihe findet und der Motivationsaspekt in Band 56 („Motivation durch Zielvereinbarungen").

Grundlage für alle in Abbildung 2 dargestellten Techniken ist *Kommunikation*. Auch hierzu finden Sie detaillierte Information in den Heften 5 (Kommunikation I) und 6 (Kommunikation II, Besprechungen) dieser Reihe.

Die weiteren im Schaubild aufgezeigten „Management by's ..." haben sich über eine schlagwortartige Verwendung hinaus nicht durchgesetzt. So will beispielsweise „Management by Alternatives" sagen, dass eine Suche nach Alternativen unter Berücksichtigung technischer und auch psychologischer Aspekte konsequenter durchgeführt

10

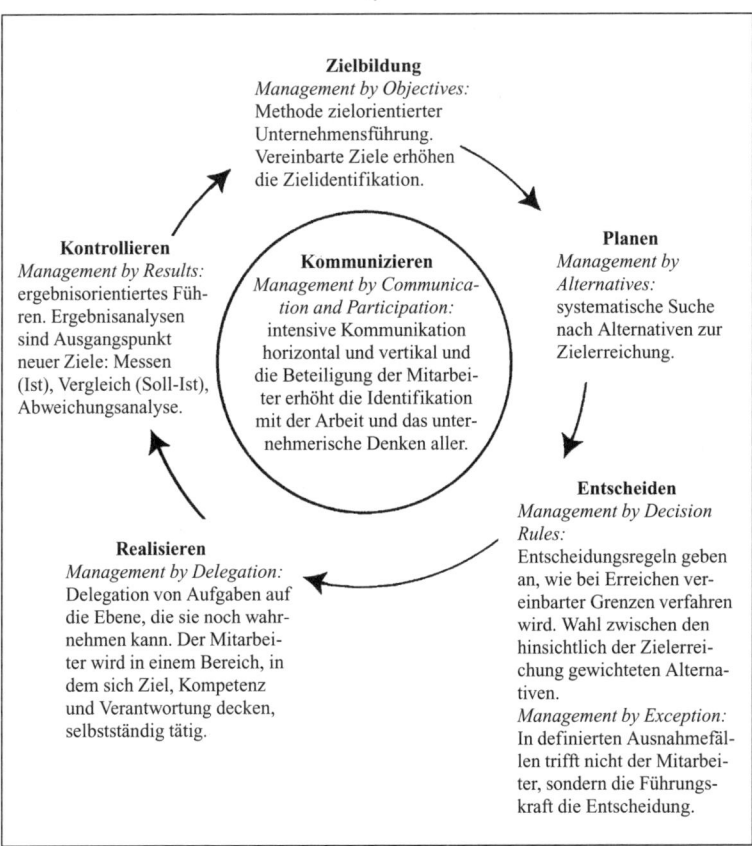

Management by Systems:
will Einseitigkeit vermeiden
und Flexibilität fördern durch
systemorientierte, integrative
Betrachtung einer Organisation und der zu ihrer Steuerung notwendigen Funktionen.

Zielbildung
Management by Objectives:
Methode zielorientierter
Unternehmensführung.
Vereinbarte Ziele erhöhen
die Zielidentifikation.

Kontrollieren
Management by Results:
ergebnisorientiertes Führen. Ergebnisanalysen
sind Ausgangspunkt
neuer Ziele: Messen
(Ist), Vergleich (Soll-Ist),
Abweichungsanalyse.

Kommunizieren
Management by Communication and Participation:
intensive Kommunikation
horizontal und vertikal und
die Beteiligung der Mitarbeiter erhöht die Identifikation
mit der Arbeit und das unternehmerische Denken aller.

Planen
*Management by
Alternatives:*
systematische Suche
nach Alternativen zur
Zielerreichung.

Realisieren
Management by Delegation:
Delegation von Aufgaben auf
die Ebene, die sie noch wahrnehmen kann. Der Mitarbeiter wird in einem Bereich, in
dem sich Ziel, Kompetenz
und Verantwortung decken,
selbstständig tätig.

Entscheiden
*Management by Decision
Rules:*
Entscheidungsregeln geben
an, wie bei Erreichen vereinbarter Grenzen verfahren
wird. Wahl zwischen den
hinsichtlich der Zielerreichung gewichteten Alternativen.
Management by Exception:
In definierten Ausnahmefällen trifft nicht der Mitarbeiter, sondern die Führungskraft die Entscheidung.

Abb. 2: Management-Techniken im Führungsprozess

werden kann. Eine Fülle von Möglichkeiten bietet sich hier an – beispielsweise Kreativitätstechniken.

Dem mehr oder minder kooperativen Charakter der bisher genannten Systeme ist das *„Management by Control and Direction"* entgegengerichtet. Eine moderne Umschreibung für den autoritären Führungsstil: Nachgeordneten Mitarbeitern werden möglichst wenig Kompetenzen eingeräumt. Ein System von detailliert beschriebenen Prozessen, genauen Arbeitsanweisungen und Kontrollen unterdrückt Eigeninitiative. Ständiger Druck ist zur Stabilisierung notwendig. Eine sarkastische Umschreibung findet dieser Stil als „Management by Champignons": Die Mitarbeiter im Dunkeln halten, Mist darauf streuen und die Köpfe, wenn sie allmählich aus dem Mist herauswachsen, schnell abhacken. Dieses System ist für beide Parteien sehr anstrengend, führt in letzter Konsequenz zu einem „Management by Herzinfarkt" und widerspricht einer humanistischen Führung.

Welche Management-Techniken in der Praxis angewendet werden können, ist eine Frage der jeweiligen *Situation*. Nützliche Fragen hierzu sind:

– Was ist das für eine Organisation, eine Abteilung, in der ich arbeite? Was lässt sie noch nicht und was lässt sie schon zu?
– Welche Techniken sind bekannt und/oder erprobt und welche nicht?
– Wie ist die Arbeitsweise, was kann daran verbessert werden?
– Wie stehen Führungskräfte und Kollegen Änderungen gegenüber?
– Wie „reif" sind meine einzelnen Mitarbeiter für den Einsatz von Management-Techniken?
– Wie „reif" ist die Gruppe, die ich führe? (siehe Heft 2 „Grundlagen der Führung", Reifegrad-Modell)
– Welche Herausforderungen will ich für den Einzelnen oder die Gruppe schaffen, um mehr Beteiligung und selbstständige Entscheidungen zu erreichen?
– Wo liegen meine eigenen Stärken und Schwächen? Fragen Sie sich: Wie kann ich mehr erreichen, wenn ich nichts vorgebe?

Kooperation kann in unterschiedlichen Situationen unterschiedlich aussehen. Das meinen wir mit reifegradspezifisch-situativem Führungsstil. Der Hinweis auf die „Situation" soll allerdings nicht Aus-

Abb. 3: „Wie stehen Führungskräfte und Kollegen Änderungen gegenüber?"
(Mit freundlicher Genehmigung von Dieter Hanitzsch, München)

reden fördern wie: „Meine Situation zwingt mich, so zu handeln".
Dies wäre Wasser auf die Mühlen autoritärer Führungskräfte.

Grundsätzlich gilt für alle Führungsmethoden:

Was auf Papier geschrieben ist, ist ganz gleichgültig, wenn es der
realen Lage der Dinge, den tatsächlichen Machtverhältnissen widerspricht. Menschen suchen kein neues Organisationsmodell, sondern
Dinge, die es im alten System nicht gibt: Freiheit, Respekt, Anerkennung oder eine Chance.

Hierarchien sind Modelle der klaren Einheit und Ordnung, die auf
maximale Übersicht und Stabilität zielen.

Netzwerke hingegen sind die Entsprechung der Vielfalt.

Es gibt nicht eine Antwort. Eine straffe Hierarchie ist eine sehr erfolgreiche Organisationsform für alles, was funktioniert, was Standard ist.
Oben agiert ein Entscheider, umringt von Machern, gefolgt von Aus-
führenden – das ist maximale Effizienz, wenn klar ist, wohin die Reise
geht. Wenn ein Unternehmen marktgeprägt ist, also etwas herstellt,
was die Kunden wollen, sieht es ganz anders aus. Wo viele nachfragen,
muss es viele Antworten geben. Folge: Der Manager muss beides können. Mündige Menschen brauchen keine Bevormundung, aber klare
Strukturen.

Nun zu den wichtigsten Techniken im Einzelnen:

1. Management by Objectives (MbO)

„Zum Ziel kommt nur, wer eins hat": Habe ich als Manager energetisierende Wirkung? Jede Energie braucht ein Ziel!

Management by Objectives oder Management durch Zielvereinbarung ist eine Methode zielorientierter Unternehmensführung. Sie strebt eine effiziente Zielerreichung an und ist gegen Bürokratie und reine Verfahrensorientierung gerichtet. MbO ist zukunfts- und ergebnisorientiert. Maßgebend ist nicht, „was" jemand tut, sondern „wozu" er etwas tut – was er erreicht, bewirkt. Erfolg drückt sich nicht in der Menge der geleisteten Arbeit, sondern in Zielerreichung aus.

So fördert MbO „Langstreckendenken". In Unternehmen, die darüber nicht verfügen, wird häufig der befördert, der nach kurzer Etappe die besten Ergebnisse vorweisen kann. Es zählen also die Zwischenzeiten. Der kurzfristige Erfolg des einen erweist sich als mittelfristiges Problem des anderen … Bei der Beurteilung der „high potentials" ist daher ein Langstreckenfaktor einzubauen: Wer rückt nicht von den vereinbarten Zielen ab?

Wie geht man beim Führen durch Zielvereinbarung vor? Aus der Vision und dem *Gesamtziel* einer Organisation werden *Unterziele* abgeleitet. Da sich Ziele verändern, ist MbO ein ständiger Prozess. Die Zielformulierung erfolgt von oben nach unten und umgekehrt im „Gegenstromverfahren". Die Zielformulierung wird zwischen Führungskräften und ihren direkten Mitarbeitern – die ja selbst wieder Führungskräfte sein können – gemeinsam vorgenommen. Daher „Zielvereinbarung" statt „Zielvorgabe". Es wird dabei davon ausgegangen, dass gemeinsam formulierte Ziele zu größerer Zielidentifikation des Mitarbeiters führen und hierdurch ein größerer Anreiz entsteht, an der Zielerreichung mitzuarbeiten. Auch werden die Ziele realistischer:

– Deshalb schlagen die Mitarbeiter die Ziele selbst vor, die sie erreichen wollen. Denn: Zum Ziel kommt nur, wer eins hat.
– Es werden nicht mehr als 3 bis 7 Ziele ins Auge gefasst, um Überforderung zu vermeiden.
– Die Ziele werden durch Leistungsstandards präzisiert, die angeben, wann die Ziele als erreicht gelten.

- Gemeinsam festgelegte Kontrolldaten und -verfahren dienen dazu, die Zielerreichung zu kontrollieren.
- Die Maßnahmen zur Zielerreichung werden – abhängig von ihrem Reifegrad – durch die Mitarbeiter bestimmt. Bei der Durchführung kontrollieren sie sich reifegradspezifisch selbst.

Die Einführung kann schrittweise in einzelnen Teilbereichen einer Unternehmung beginnen. Sie erfolgt ohne Zwang, da sonst gegen das Prinzip der Zielvereinbarung verstoßen wird. MbO empfiehlt sich im Laufe der Zeit von selbst zur Nachahmung. Die forcierte Übernahme von MbO aufgrund eines übersteigerten Perfektionismus kann zum Scheitern führen. Als Mindestzeitraum für die Einführung sind ca. 18 Monate anzusetzen.

Folgende Gesichtspunkte sind bei MbO besonders zu beachten:

- Unternehmensziele und persönliche Ziele werden weitestgehend durch Vereinbarung in Einklang gebracht, da sonst die Antriebskraft der Ziele verlorengeht.
- Die Zielformulierung muss messbar sein: „Miss, was messbar ist: Was nicht messbar ist, mache messbar.“
- Ziele sind kein Selbstzweck, sondern werden in Märkten mit „moving targets“ auf ihre Aktualität hin überprüft.

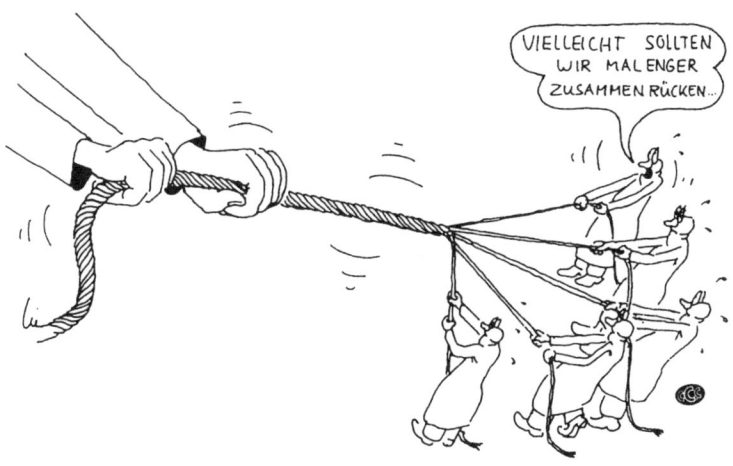

Abb. 4: „Integrierte Ziele werden definiert.“
(Quelle: Erik Liebermann/CCC, www.c5.net)

15

- Integrierte Ziele zwischen Einheiten – also horizontal – werden zusätzlich zur Zielbestimmung zwischen Chef und Mitarbeiter definiert.
Wie verträgt sich mein Ziel mit den Zielen anderer?
(*R. v. Weizsäcker:* „Freiheit ist nicht lebensfähig ohne Solidarität").
- Notwendig sind abgestimmte Zielbereiche, Verantwortungsbereiche und Befugnisse sowie eine entsprechende Qualifikation des Mitarbeiters. Management by Objectives lebt von Delegation.
- Die Führungskraft regiert nicht in den Zielbereich des Mitarbeiters hinein. MbO wird daher ergänzt durch Management by Exception: Ermessensspielräume werden vereinbart.
- Der Anteil des Einzelnen und der Anteil der Gruppe an der Zielerreichung geht in die Leistungsbeurteilung ein: Ziele setzen das Verhalten in Gang, Konsequenzen für das Erreichen der Ziele halten es in Gang.

So werden wesentliche Vorteile durch MbO erzielt:

- Führungskräfte werden frei für Führungsaufgaben. „Einsame" Entscheidungen und Einzelanweisungen werden hinfällig. Da die Ergebnisse zu vereinbarten (Zwischen-)Terminen reifegradspezifisch kontrolliert werden, wird die übrige Kontrolle in Form von Selbst- und Ergebniskontrolle an den Mitarbeiter delegiert.
- Die Mitarbeiter haben ihren eigenen Entscheidungsspielraum und werden stärker gefordert. Die Zielidentifikation motiviert zu innovativem Denken.
- Lernprozesse der Beteiligten werden berücksichtigt.
- Leistungsbeurteilung und Personalentwicklung kann sich an klaren Zielen orientieren.
- Als Organisationsform eignet sich besonders das Profit-Center, da es eigenständige Abrechnungsbereiche beinhaltet.

Fazit: Das Führen durch Vereinbaren messbarer Ziele ist wesentlich zeit-, energie- und kostensparender als das Führen mittels Einzelanweisungen und Aufgabenbeschreibungen.

Eng verwandt mit MbO ist *Management by Results*, das mit ergebnisorientierter Führung übersetzt werden kann. Ergebnisanalysen in sämtlichen Bereichen sind Ausgangspunkte für zukünftige Ziele. Produktanalyse (rentable und unrentable Produkte heute und in Zukunft) und Kostenkontrolle verfolgen das Ziel, das Unternehmen auf gewinnträchtige Bereiche zu konzentrieren.

2. Management by Delegation (MbD)

Delegiere ich Herausforderung oder nur gestapelte Langeweile? Wo beanspruche ich Kompetenzen, ohne kompetent zu sein?

Delegation of Power: „Das ungleich Wichtigste ist, dass den Kammern sogleich mehr Wirksamkeit und Selbstständigkeit verknüpft mit mehr Responsibilität gegeben wird. Nur dadurch kann mehr kräftiges Handeln bewirkt und unfruchtbare Schreiberei vermieden werden." (*Freiherr vom Stein*, etwa 1806)

Zentralismus bringt keine Vorteile. „Ich bin dafür, den Föderalismus in Richtung Wettbewerb weiter zu reformieren. Um zu erreichen, dass staatliche Stellen effizienter arbeiten, bedarf es vor allem der richtigen Anreize. Die finanzielle Eigenverantwortung der Länder muss gestärkt werden." (*Otto Graf Lambsdorff* im Jahr 2006)

Fazit: Entscheidungen dort treffen (lassen), wo das Wissen ist und alle (betriebswirtschaftlichen) Informationen geben. Sonst tappen die Mitarbeiter im Dunkeln und schießen auf Ziele, die sie nicht sehen.

Management by Delegation oder Führung durch Delegation von Verantwortung und Entscheidungskompetenzen (Harzburger Modell oder „Führung im Mitarbeiterverhältnis" nach dem Begründer *Reinhard Höhn*) will den Führungsstil durch Befehl und Einzelauftrag abschaffen (kritische Stellungnahme siehe S. 19).

Dazu erhält jeder Mitarbeiter seinen eigenen Delegationsbereich, in dem sich zu erreichende Ziele, Kompetenzen und Verantwortung decken. Die Mitarbeiter sind innerhalb dieses Bereiches selbstständig tätig. Entscheidungen werden auf der Ebene getroffen, die über die Kompetenz verfügt und die Verantwortung trägt. Führungskräfte, die zugleich Mitarbeiter anderer Führungskräfte sind, nehmen sowohl Führungs- als auch Sachaufgaben wahr. Für die Führungsaufgaben trägt die Führungskraft Führungsverantwortung. Für die Sachaufgaben trägt der Mitarbeiter Handlungsverantwortung. Die Führungskraft nimmt Verantwortung nicht von den Mitarbeitern zurück. Der Mitarbeiter delegiert Verantwortung nicht an die Führungskraft zurück. Außergewöhnliche Fälle bespricht der Mitarbeiter mit der Führungskraft.

Um diese Anforderungen sicherzustellen, gibt es bei MbD ein umfangreiches System von Führungsmitteln:

– *Allgemeine Führungsanweisung*: In ihr sind die Prinzipien des Harzburger Modells in allgemeinverbindlicher Form festgelegt. Sie legt fest, wie Führungskräfte zu führen haben.
– *Stellenbeschreibung*: In ihr sind Aufgaben, Rechte und Pflichten des Mitarbeiters niedergelegt.
– *Informationsplan*: Wann und wie hat eine Führungskraft den Mitarbeiter zu informieren?
– *Informationskatalog*: Wann und wie ist die Führungskraft durch den Mitarbeiter zu informieren?
– *Querinformationskatalog*: Gegenseitige Informationspflichten der Mitarbeiter.
– *Dienstbesprechung*: Die Führungskraft informiert die Mitarbeiter über Entscheidungen, gibt Anweisungen, spricht Kritik und Anerkennung aus. Die direktive Einstellung des Harzburger Modells wird nicht zuletzt hier deutlich: Die Dienstbesprechung hat kaum den Charakter einer Aussprache, sondern ist auf den Chef ausgerichtet.
– *Mitarbeitergespräch oder Mitarbeiterbesprechung*: Informationsaustausch dient insbesondere zur Entscheidungsvorbereitung in außergewöhnlichen Fällen.
– *Dienstaufsicht*: Kontrolle des Arbeitsverhaltens der Mitarbeiter mit Hilfe von Stichproben. Im Vergleich zu MbO wird hier auch das fachliche Verhalten des Mitarbeiters kontrolliert. Der Mitarbeiter wird nicht der Selbst- und Ergebniskontrolle überlassen.
– *Erfolgskontrolle*: Kontrolle der Arbeitsergebnisse durch Soll-Ist-Vergleich wie bei MbO und MbE.
– *Regeln zur Kontrolle*:
  – Die Führungskraft kontrolliert die ihr direkt unterstellten Mitarbeiter.
  – Die Führungskraft ist zur Kontrolle verpflichtet.
  – Die Kontrollfunktion ist nicht delegierbar.
  – Die Kontrolle erfolgt nach einem Kontrollplan.
  – Die Kontrollergebnisse werden in einer Kontrollakte festgehalten.

Das System ist problematisch und wird daher kritisiert:

– Delegation wird häufig mit „Abschieben" von uninteressanten Aufgaben verwechselt.
– Die Techniken sind formalistisch überspitzt. Daher werden Vorschriften oft buchstabengetreu angewendet. So entsteht die Tendenz zu mehr aufgaben- als zielorientiertem Denken.
– Bereichsdenken wird mehr gefördert als übergreifendes Denken.
– Der Papierkrieg nimmt überhand; insbesondere in Stellenbeschreibungen werden Aufgaben detailliert geschildert – nicht Ziele.
– Führungskräfte greifen in die Arbeit ihrer Mitarbeiter ein.
– Verantwortung wird von Mitarbeitern gelegentlich an den Chef zurückdelegiert. Der Mitarbeiter trägt mehr „Ausführungs-" als Handlungsverantwortung.
– MbD ist nur bedingt motivierend, da der Selbstkontrolle des Mitarbeiters nur wenig Raum gelassen wird.
– Die Kontrolle dient mehr dazu, negative Abweichungen festzustellen, als positives Verhalten zu verstärken. Kritiker nennen das System daher auch „versteckt autoritär".

Abb. 5: „Der Papierkrieg nimmt überhand – insbesondere in Stellenbeschreibungen werden oft Aufgaben detailliert geschildert – nicht messbare Ziele."
(Quelle: Erhard Dietl/CCC, www.c5.net)

19

- Der Einfluss informeller Kommunikation ist nicht genügend berücksichtigt.
- Rein formelle, hierarchische Kommunikation bleibt erhalten.
- Durch die Art der Informationsverteilung behält der Vorgesetzte ein Entscheidungsmonopol.
- Gemeinsame Entscheidungen treten in den Hintergrund.
- MbO und MbE, die beide Delegation einschließen, sind daher MbD vorzuziehen.

3. Management by Exception (MbE)

Martin Wehrle: Der durchschnittliche Arbeitnehmer in Deutschland lästert jede Woche 4 Stunden über seinen direkten Chef. Kein Faktor wirkt so auf die Leistung wie der direkte Vorgesetzte: Er ist das Aushängeschild in der Hierarchie. Er gibt der Firma für die Mitarbeiter das Gesicht. Die Stimmung eines Mitarbeiters hängt zu 50–70% vom direkten Chef ab. Die meisten Mitarbeiter denken unternehmerisch, wenn sie in unternehmerische Entscheidungen einbezogen werden, sie handeln verantwortungsbewusst, wenn sie in die Verantwortung genommen werden. Hier setzt Management by Exception an:

Management by Exception oder Führung nach dem Prinzip der Ausnahme entlastet Führungskräfte: Sie greifen nur in Ausnahmefällen ein. Mitarbeiter handeln in vereinbarten Spielräumen selbstständig.

Alle Aufgaben, die eine Führungskraft nicht selbst wahrnehmen muss, werden delegiert. Nur wenn Ausnahmesituationen eintreten, die nicht innerhalb des Entscheidungsspielraumes des Mitarbeiters liegen, darf die Führungskraft eingreifen. Eine Ausnahmesituation liegt dann vor, wenn der Ermessensspielraum des Mitarbeiters überschritten wird. Fälle, die sich innerhalb des Ermessensspielraumes des Mitarbeiters bewegen, sind Normalfälle, die der Mitarbeiter selbst regelt. Ausnahmefälle werden der Führungskraft mitgeteilt. Dies setzt ein gutes Informationssystem voraus. Das Eintreten von Ausnahmen kann zur Neudefinition von Zielen führen. Häufen sich die Ausnahmen, ist der Mitarbeiter zu qualifizieren.

Durch ein solches Vorgehen werden Führungskräfte von Routineentscheidungen entlastet und frei für ihre Führungsaufgaben. Der Mitarbeiter hat innerhalb seines Ermessensspielraumes Eigenverantwortung. Da er jedoch nicht alle Entscheidungen selbst zu treffen hat, wird einer Überforderung vorgebeugt. Ausnahmefälle werden durch ein entsprechendes Informationssystem schnell gemeldet.

Probleme werden vermieden, wenn folgende Punkte beachtet werden:

- MbO und MbE ergänzen sich gegenseitig. MbE benötigt klare Ziele, und MbO wird durch das Festlegen von Ausnahmefällen und Toleranzbereichen ergänzt.
- Ausnahmefälle können zu eng definiert werden.
- Verzögerungen im Kommunikationssystem können ein rasches Eingreifen der Führungskraft behindern.
- Wenn die Führungskraft nur wenig oder gar keine Informationen über Vorgänge innerhalb des Ermessensspielraumes des Mitarbeiters erhält und zu wenig konsultiert wird, können Abstimmungsschwierigkeiten entstehen.
- Da die Mitarbeiter nur Ausnahmefälle melden, sprechen sie mit ihrem Chef womöglich nur über Misserfolgserlebnisse. Auch das als selbstverständlich angesehene Handeln innerhalb des Ermessensspielraumes ist also anzuerkennen.

4. Management by Systems und das Modell des Regelkreises

Management by Systems kann mit „systemorientierter Führung" übersetzt werden.

Jedes System kann wieder Subsystem eines übergeordneten Systems sein. Um ein System zu beschreiben, müssen seine *Variablen* näher untersucht werden. Die Inputvariablen beschreiben die Eingänge in das System, die Outputvariablen die Ausgänge aus dem System, und die intervenierenden Variablen bedeuten die inneren Zustände des Systems. Sie sind für die Umsetzung der Inputvariablen in die Outputvariablen verantwortlich. Eine so allgemeine Sprache hilft, ein Unternehmen zu analysieren.

Ein Unternehmen wird als zielgerichtetes, offenes, soziales System gesehen. *Zielgerichtet*, weil ein Unternehmen nicht Selbstzweck ist, sondern der Erfüllung bestimmter Ziele dient. Die Ziele selbst können zu einem Zielsystem zusammengefasst werden. Der *soziale* Charakter einer Unternehmung ergibt sich durch die in ihr tätigen Individuen und Gruppen, der technische Aspekt durch die technischen Elemente: Maschinen, Prozesse usw. *„Offen"* bedeutet, dass das Unternehmen mit seiner Umwelt in wechselseitigen Beziehungen verbunden ist.

Inputvariable können sein: Menschen, Material, Energie, Informationen, Geld.

Outputvariable sind z. B. Material, Produkte, Dienstleistungen, Information, Energie.

Die *intervenierenden* Variablen lassen sich in drei Gruppen unterteilen:

- Variable, die die Systemelemente beschreiben, z. B. Qualifikation der Mitarbeiter, Alter und technische Eigenschaften der Anlagen.
- Variable, die die Beziehungen der Systemelemente zueinander beschreiben, z. B. die Machtstruktur, die Kommunikationsstruktur.
- Variable, die die Prozesse beschreiben, die im System ablaufen.

Von den zahlreichen Subsystemen einer Unternehmung lassen sich nach *Katz* und *Kahn* folgende unterscheiden:

- Das Produktionssystem, in dem Inputs (Informationen, Produktionsfaktoren) in Outputs (Güter und Dienstleistungen) umgesetzt werden.
- Das Versorgungssystem. Zu ihm gehören u. a. Beschaffung, Absatz, Transport, Public Relations.
- Erhaltungssystem, also alle personalwirtschaftlichen Aufgaben, wie z. B. die Mitarbeiterauswahl.
- Das Anpassungssystem, das sich mit der Wahrnehmung von Umweltveränderungen auseinandersetzt, z. B. die Marktforschung.
- Das Führungssystem, das die übrigen Subsysteme koordiniert.

Diese Systeme können selbst wieder in Subsysteme und Elemente zerlegt werden und in ihren inneren Beziehungen zueinander untersucht werden. Das bringt folgende Vorteile mit sich:

- *Klarheit über alle zu einem untersuchten System gehörenden Subsysteme,* Elemente und Variablen und damit die Möglichkeit, alle diese Faktoren auf das Systemziel auszurichten. Also mehr Transparenz und bessere Kommunikation zum Zweck einer Integration auf das gemeinsame Ziel hin. Schwachstellen, Ressortegoismus und Kästchendenken werden leichter überwunden.

Ein Beispiel:
Bei der Unternehmensberatung Zehnder arbeiten alle für ein gemeinsames Profit-Center, aus dem sie gleichermaßen bezahlt werden. Das Honorarvolumen des Einzelnen hat auf sein Einkommen keinen Einfluss. Bei Zehnder ist es genauso viel wert, einem Kollegen zu helfen wie selbst einen Kandidaten zu platzieren. Jeder Zehnder-Berater macht in diesem System 900 000 Dollar Umsatz/ Jahr. Der Durchschnitt der besten 20 anderen Beratungen liegt bei 577 000 Dollar.

– *Verknüpfung der untersuchten Systeme auf das Organisationsziel hin.* Die unternehmerischen Aktivitäten werden so besser aufeinander abgestimmt und damit effizienter an die Umwelt herangetragen. Die Flexibilität eines Unternehmens wird dadurch erhöht.

Die kybernetische Betrachtung versucht, den Führungsprozess in Form eines Regelkreismodells darzustellen. Ein Regelsystem besteht in der einfachsten Form aus einem Regler (z. B. Geschäftsführung) und dem Regelobjekt (z. B. Maschinen, Material, Produkte, Mitarbeiter). Das Regelobjekt kann selbst wieder Regler (z. B. Betriebsleiter) in Bezug auf ein anderes Regelobjekt (z. B. Meister) sein. Zwischen Regler und Regelobjekt bestehen Wechselbeziehungen. Mit Hilfe von „Stellgrößen" wirkt der Regler auf das Regelobjekt ein, um die „Ist-Größen" (tatsächlich erreichte Werte) den „Soll-Größen" (Ziele) anzunähern. Die Kontrolle erfolgt durch Messen der Ist-Größen und durch Vergleich dieser Größen mit den Soll-Größen. Der Soll-Ist-Vergleich und die anschließende Abweichungsanalyse decken die Ursachen für die Abweichungen zwischen Zielen und tatsächlicher Zielerreichung auf. Daraus resultieren möglicherweise Korrekturinformationen, die sogenannte Regelgröße, die in Form einer Rückkopplung (feedback) dem Regler zugeleitet werden und zur Veränderung der Ziele, der Planungsmaßnahmen, der Entscheidungsmodalitäten, der Durchführung und der Kontrollprozesse führen kann. Neben den vergangenheitsorientierten Werten wirken zukunftsorientierte Werte wie z. B. Nachfrageentwicklung und mögliches Konkurrenzverhalten als Vorkopplung (feed-forward) auf den Zielbildungsprozess ein.

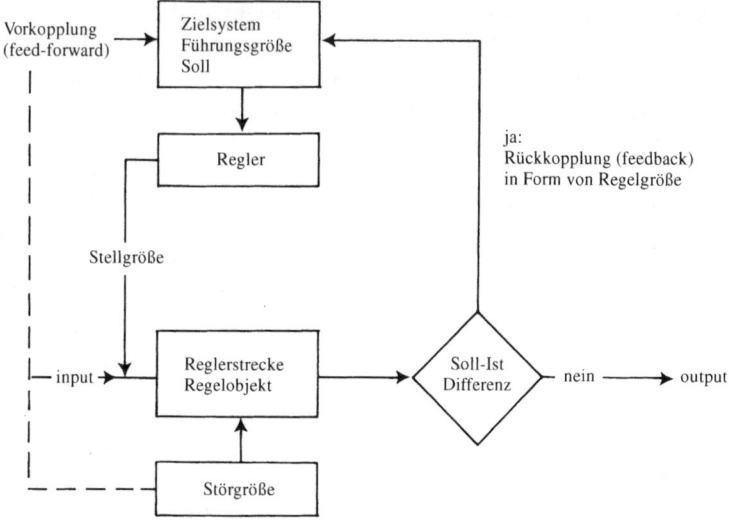

Abb. 6: Modell des Regelkreises

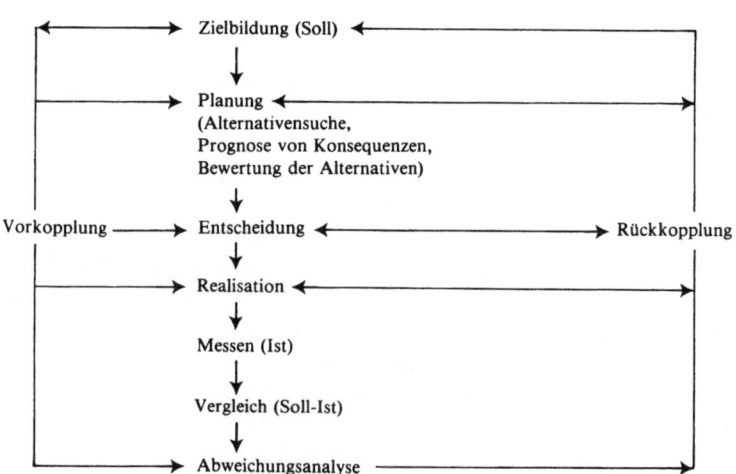

Abb. 7: Management-Funktionen im Regelkreis

24

Die einzelnen Teile von Organisationen können als Regelkreise betrachtet werden. Das Unternehmen ist dann ein System, das aus miteinander verzahnten Untersystemen besteht („Vermaschung"). Die Kooperation ist umso besser, je besser eine Organisation vertikal und horizontal vermascht ist.

Auch die einzelnen Management-Funktionen lassen sich, wie Abbildung 7 zeigt, in Form eines Regelkreises miteinander verbinden.

In den einzelnen Phasen dieses Prozesses werden

Zielinformationen, Alternativinformationen, Prognoseinformationen, Vorgabeinformationen und Kontrollinformationen

gewonnen, gespeichert und zugeführt. Da Fehlinformationen sich beim Durchlaufen der nachgeschalteten Regelkreise potenzieren können, ist ein wirksames Informationssystem Voraussetzung.

Die Bedeutung des Regelkreises liegt primär in folgenden drei Punkten:

– Da der Regelkreis „Modellcharakter" hat, eignet er sich sehr gut dazu, komplexe Zusammenhänge in den Griff zu bekommen, wie z.B. Analyse von Führungsproblemen, Neugestaltung von Arbeitsabläufen, Aufbauorganisationen, Gestaltung von Arbeitsplätzen.
– Der Regelkreis bezieht alle Führungsfunktionen ein.
– Der Regelkreis fördert das Denken „über den Tellerrand hinaus".

Aus der Denkweise des Management by Systems lassen sich ableiten:

Die 4 Gütekriterien eines Managers:

– Output
– Instandhaltung
– Weiterentwicklung
– Integration

Kennzeichen für gute Instandhaltung:

– keine unnötigen Überlastungen
– keine Störungen aufgrund mangelhafter Instandhaltung
– kurze Störddauer

Ursachen für unzureichende Entwicklungsziele:

- einseitiger Output-Druck
- mangelnde Fähigkeit zum Erkennen von Entwicklungsbedarf
- keine positiven Konsequenzen für Entwicklungsmaßnahmen
- mangelnde Einsicht in die Notwendigkeit von Entwicklungsmaßnahmen
- fehlende Maßstäbe, um den Nutzen von Entwicklungsmaßnahmen zu erkennen.

Kennzeichen für gute Integration:

- Führer von exzellenten Teams integrieren und managen die Bedingungen für den Teamerfolg – sie sind nicht unbedingt charismatisch.
- Anerkennen der übergeordneten Ziele
- Zuverlässiges Verfolgen der vereinbarten Ziele
- Eigene Beiträge zur gemeinsamen Zielsetzung
- Nicht-Verfolgen von nicht-vereinbarten Zielen
  – außer kreativen Innovationszielen!
- Positives Einwirken auf die organisatorische Umgebung
- Kooperative Haltung zum organisatorischen Nachbarn: Engagement für integrierte Ziele
- Beitrag zur Image-Entwicklung des Unternehmens
- Gehaltssysteme, die Teamleistung honorieren, führen dazu, dass sich die individuellen Fähigkeiten vernetzen.

F. Malik: Gutes Management ist Lebenstüchtigkeit. Management ist der Beruf der Wirksamkeit und des Erzielens von Resultaten. Mit dem richtigen Management bekommt ein Unternehmen die nötige Sicherheit und Reaktionsgeschwindigkeit.

II. Teil: Management by Objectives oder Führen durch Zielvereinbarung

„Habe ich Ziele, die meinen Einsatz wert sind?"

Arnold Schwarzenegger: „Wofür lohnt es sich, im Leben zu kämpfen? Für deine Familie, für deine Rechte, für deine Ideen. Man muss Disziplin haben, ein Ziel haben, an sich selbst glauben. Das Wichtigste ist, dass man immer auf das Ziel schaut und darauf zusteuert. Ich verschwende nicht viel Zeit auf was wäre, wenn ..."

1. Was ist die gemeinsame Zielsetzung von Unternehmen und Mitarbeitern? Welche Bedeutung hat sie für den Führungsprozess?

Die Führungskraft zeigt Weitsicht in Bezug auf das Ziel, Umsicht in Bezug auf die Leistung, Rücksicht auf die Mitarbeiter. (nach *K. Berkel*)

Die Fähigkeit, den individuellen Wert dauerhaft zu steigern – das Potenzial durch Erfahrung zu ergänzen – zeichnet herausragende Führungskräfte aus. Sie sind fördernd: Daher werden sie an die Spitze getragen. Ein enger Zusammenhang zwischen Führungskultur und hervorragenden finanziellen Ergebnissen ist nachgewiesen (Kienbaum 2005). Das Top-Management ist aktiv bei Auswahl, Beurteilung sowie Förderung von potenziellem Nachwuchs. – Top-Unternehmen fokussieren sich stärker auf die Förderung von Talenten bei der Besetzung von Führungspositititionen. 90% in USA, 80% in Europa nutzen Kennzahlen, um die Wirksamkeit der Führungskräfteentwicklung zu messen.

Im Band 2 dieser Reihe „Grundlagen der Führung" haben wir „Führen" definiert. Führen heißt „einen Mitarbeiter bzw. eine Gruppe unter Berücksichtigung der jeweiligen Situation auf gemeinsame Werte und Ziele hin beeinflussen". Drei Merkmale der Führung, nämlich „Führungskraft", „Mitarbeiter" und „Gruppe" haben wir näher betrachtet. Nun das vierte Merkmal der Führung: „gemeinsame Zielsetzung".

Gemeinsam ist etwas dann, wenn zumindest zwei daran beteiligt sind. Schon in Band 2 sprachen wir vom Unternehmen als einer Leistungsorganisation. In einem marktwirtschaftlichen System ist eines der Unternehmensziele die *Leistung*. Andererseits ist ein Unternehmen auch eine *Sozialorganisation*, weil die Mitarbeiter entscheidend für die Leistung sind.

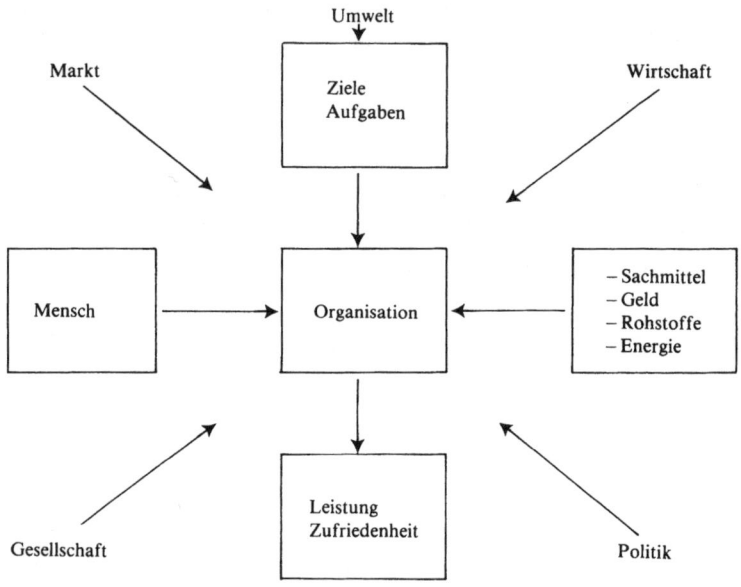

Abb. 8: Einflüsse auf eine Organisation

Aufsichtsrat, Vorstand und Betriebsrat der Bertelsmann AG beispielsweise gaben dem Unternehmen eine Verfassung, die die Ziele des Unternehmens, seinen gesellschaftlichen Standort und die Grundsätze der Zusammenarbeit im Unternehmen bestimmt. Einer der Kernsätze lautet: „Die Arbeit des Unternehmens ist danach zu beurteilen, ob sie dem Menschen dient; dem einzelnen Menschen ebenso wie der Gesellschaft."

Leistung soll also dem Menschen dienen. Die gemeinsame Zielsetzung von Unternehmen und Mitarbeitern heißt demnach Leistung und Engagement für den Kunden.

SZ, 17. 6. 06, Studie „Strategisches Management", Management Akademie München: Manager geben Kundenorientierung als wichtigsten Faktor für den wirtschaftlichen Erfolg ihres Unternehmens an. Warum aber nutzen dann nur 7% der Chefs Ergebnisse von Kundenbefragungen als Basis für Zielvereinbarungen mit ihren Mitarbeitern? Ausgerechnet bei genuinen Aufgaben einer Führungskraft wie etwa der Entwicklung und Begleitung von Zielvereinbarungsprozessen gibt es dramatische Defizite. „Eigentlich müssten die Gehälter der Chefs nach unten korrigiert werden." *(G. Lux)* „Fast 30% der Chefs finden, dass klare Zielvereinbarungen mit den Mitarbeitern von großer Bedeutung sind. Erstaunlich, dass nur 1/3 der Unternehmen einen systematischen Zielvereinbarungsprozess definiert hat. Bei kleineren Unternehmen sind es gar 55%, die auf dieses wichtige Instrument der Unternehmensführung verzichten … Je weiter unten in der Hierarchie, desto weniger werden Zielvereinbarungen offenbar für nützlich erachtet … Wenn es darum gehe, strategische Planungen in konkrete Arbeitsanweisungen nach unten zu übersetzen, entstehe oft ein Kuddelmuddel. Fast 50% der Befragten äußern hohe bis äußerst hohe Reibungsverluste beim Umsetzen strategischer Ziele."

Viele Manager sind zufrieden, wenn ihre Mitarbeiter beschäftigt sind: Sie versäumen darüber, Ziele zu vereinbaren und für die Ziele zu motivieren. Wen wundert es? Wer keine Ziele hat (sondern nur Meinungen) kann keine Ziele vermitteln. Daher spricht *Angela Merkel* (29. 3. 06) zu Recht: „Es reicht nicht, es reicht nicht. Es reicht für Deutschland nicht. … Lasst uns doch mal das machen, was wir uns vorgenommen haben. … Ziel: Es müssen mehr Arbeitsplätze herauskommen – nicht weniger."

Die erste Voraussetzung für Leistung sind Ziele. Denn: „Wer nicht weiß, wohin er will, darf sich nicht wundern, wenn er ganz woanders ankommt."

Beantworten Sie bitte die folgenden Fragen:

Frage / Antwort	ja	kaum	wahr-scheinlich nein
1. Sind Ihre Manager in der Lage, die drei wichtigsten kurz-, mittel- und langfristigen Unternehmensziele aufzuschreiben?			
2. Decken sich diese Ziele bei allen diesen Managern?			
3. Verfügen Ihre Manager und Mitarbeiter über messbare Ziele zur Selbstkontrolle?			
4. Kennen Ihre Manager ihren jeweiligen Mindestbeitrag zur Sicherung des Unternehmens?			
5. Können Ihre Manager spontan die sechs Aufgaben nennen, die am stärksten zur Erreichung ihrer Ziele beitragen?			

Wenn Sie bei allen fünf Fragen eher mit „kaum" oder „wahrscheinlich nein" geantwortet haben, dann lohnt es sich, *Theodor Fontane* zu berücksichtigen:

> „Man muss es so einrichten, dass einem das Ziel entgegenkommt."

Präzisieren wir das:

- Ohne Ziele gibt es keine gezielten Informationen.
- Ohne Ziele gibt es keine Planung.
  Es wird mit „der Stange im Nebel herumgestochert".
- Ohne Ziele gibt es keine klaren und raschen Entscheidungen.
  Es wird überhaupt nicht, zögernd oder wahllos gehandelt.
- Ohne Ziele gibt es keine gesteuerte Realisation. Man arbeitet, aber mit einer diffusen Vorwärtsstrategie ins Ungewisse. *E. Roth:* „Ein Mensch, vom Alltag schier bezwungen, hat sich zur Freiheit durchgerungen und gibt sich heilig das Versprechen, wohin er will, jetzt aufzubrechen. Er sitzt noch heut zu Hause still. Er weiß ja nicht, wohin er will."

- Ohne Ziele gibt es keine Kontrolle. Es gibt keinen Vergleich zwischen der Zielsetzung und dem erreichten Ergebnis. Es fehlt der Maßstab.
- Ohne Ziele gibt es keine oder eine nur unzureichende Korrektur sachlicher Mängel, also keine Verbesserung und Innovation von Verfahren.
- Ohne Ziele gibt es keine oder nur unzureichende Korrektur menschlicher Mängel, beispielsweise durch Training oder Umsetzen an einen anderen Arbeitsplatz.
- Ohne Ziele gibt es somit keine Anpassungsfähigkeit und Flexibilität.

Abb. 9: „Bayern ist im führungslosen Normalzustand dieser Jahre angekommen." (SZ, Anfang Januar 07)
(Quelle: Karl-Heinz Brecheis/CCC, www.c5.net)

Neben Zielen ist die *zweite Voraussetzung* für Leistung das *Engagement der Mitarbeiter*. Wie eine Untersuchung des US-Bundesministeriums für Gesundheit, Bildung und Wohlfahrt bestätigt, sind Folgen allgemeiner Arbeitsunzufriedenheit verringerte Arbeitsleistung, steigende Abwesenheitszahlen, ja Sabotage. Denn: „Business ist nichts anderes als ein Knäuel menschlicher Beziehungen" (*Iacocca, L., S. 95*).

Engagement des Mitarbeiters ergibt sich aus einer Zielvereinbarung zwischen ihm und dem Unternehmen. Denn wenn es dem Mitarbeiter unmöglich ist, vorgegebene Ziele zu erreichen, wird er rasch an der Fähigkeit des Chefs zweifeln, vernünftige Ziele festzulegen. Ohne gemeinsame Ziele hält er mit seiner Leistung zurück. Die Gründe dafür:

– Der Mitarbeiter kann sich nicht mit dem Unternehmen identifizieren. Er fragt sich: „Wozu bin ich überhaupt da, wofür arbeite ich eigentlich?"
– Der Mitarbeiter kann sich nicht im Rahmen vereinbarter Ziele frei entfalten, den Weg zum Ziel hin selbst bestimmen und damit innovativ werden. Er arbeitet roboterähnlich nach vorgegebenen Zielen. Er wird nicht alles tun, was zum Realisieren eines Ziels erforderlich ist – er orientiert sich an seiner Stellenbeschreibung.
– Der Mitarbeiter kann sich nicht selbstverantwortlich kontrollieren.
– Schließlich wird der Mitarbeiter den Gegenwert für seine Leistung als ungerecht empfinden.

Unklare Zielvorstellungen lassen Maßnahmen der Gehaltsfestsetzung, der Personalentwicklung, lassen Kritik und Anerkennung als ungerecht erscheinen.

Je klarer die Ziele, desto leichter die Entscheidung, desto länger die Leine. *Charles de Gaulle:* „Man muss sich einfache Ziele setzen, dann kann man sich komplizierte Umwege leisten."

Fassen wir zusammen:

– Leistung setzt die Vereinbarung von Zielen und Engagement der Mitarbeiter voraus.
– Engagement setzt voraus, dass Unternehmen und Mitarbeiter gemeinsame Ziele haben, dass die Bedürfnisse von beiden integriert sind.
– Ziele nehmen daher eine zentrale Rolle im Führungsprozess ein.
– Um dies zu erreichen, gibt der Manager alle Informationen, die es dem Mitarbeiter ermöglichen, selbstständig zu entscheiden.
– So wird es im Unternehmen wieder schick, etwas zu unternehmen, den Freiraum für Kreativität zu nutzen.

32

2. Durch welche Methode kommen gemeinsame Ziele zustande?

Direktiv: „Hier kommt der Plan!" (Die Eingriffsvehemenz wächst häufig mit der Ahnungslosigkeit.)

Kooperativ: „Hier läuft der Plan!"

Wie kommen gemeinsame Ziele zustande? Wie wird garantiert, dass diese Ziele auch kontinuierlich realisiert, überprüft und – falls erforderlich – revidiert werden? Das Verfahren hierzu lautet: „Management by Objectives". MbO bedeutet nicht aufgabenorientierte, sondern ziel-, ergebnis- und zukunftsorientierte Unternehmensführung.

„In dem hier vorgestellten Modell wird die Zielsetzung selbst zu einer Gemeinschaftsleistung der im Unternehmen Tätigen. Führen bedeutet darin die Verpflichtung, den Prozess der Zielfindung immer wieder in Gang zu setzen und zum Erfolg zu bringen.

Herrschaftsansprüche sind in diesem Modell systemwidrig, weil sie Fähigkeiten und Initiativen lähmen und damit die Leistungsfähigkeit in einer Wettbewerbswirtschaft mindern."

Diese Sätze stammen aus dem Unternehmensstatut des Bundesverbandes Junger Unternehmer. Sie formulierten ihre Aussagen aus der Einsicht heraus, dass zufriedene Mitarbeiter mehr leisten.

SZ-Management, Neujahr 2007: „Und wer all die Studien liest, denen zufolge Telearbeiter motivierter sind, mehr leisten und weniger meckern als ihre am Schreibtisch hockenden Kollegen, möchte seine Niederlassung am liebsten morgen schließen. Warum sollte man sich auch mit allzu vielen Mitarbeitern belasten, die Büroplatz, Sekretariat und andere Annehmlichkeiten beanspruchen und einem zuweilen noch die Laune verderben? Wenn es doch reichen könnte, ihnen einen Laptop mit der Hotline-Nummer für den Fall technischer Störungen und der Anleitung für die Videokonferenz-Funktion in die Hand zu drücken. Bestenfalls erntet man Ergebnisse wie die amerikanische Elektronik-Marktkette Best Buy. Dort wird die Anwesenheitspflicht in der Zentrale komplett abgeschafft, nachdem Abteilungen, in denen Mitarbeiter nur noch an ihrer Leistung (Zielerreichung) gemessen werden, im Schnitt etwa 1/3 produktiver sind als zuvor."

Wir gehen in vier Schritten vor:

1. Schritt: Fragen zur Unternehmensphilosophie als Basis für Ziele, das Zielsystem des Unternehmens
2. Schritt: Vereinbaren von Zielen
3. Schritt: Vereinbaren von Leistungsstandards
4. Schritt: Vereinbaren von Kontrollverfahren

Wie die Ziele erreicht werden und wie das Ergebnis mit dem Ziel in einer Fortschrittsbesprechung verglichen und neue Ziele vereinbart werden, werden wir nur am Rande behandeln. Uns geht es hier vorrangig um das Vereinbaren gemeinsamer Ziele. MbO ist in diesem Sinne eine Methode, mit der Führungskräfte und Mitarbeiter gemeinsame Ziele erarbeiten, diese präzisieren und die entsprechenden Kontrollverfahren festlegen.

2.1 Die Unternehmensphilosophie als Basis für Ziele und das Zielsystem des Unternehmens

Voraussetzung aller Unternehmensziele ist die Unternehmensphilosophie als Rahmenzielsetzung. Sie beantwortet die Fragen nach den verschiedenen Interessen, die das Unternehmen hat und die von außen an es herangetragen werden. Dabei ist wichtig: Die Unternehmenskultur der Erfolgreichsten kreist nicht um die Person an der Spitze, sondern basiert auf einer Kernidee und dem Drang nach Fortschritt sowie der Integration von Gegensätzen. *(Jerry Porras)*

Fragen, die eine Unternehmensphilosophie beantwortet:

1. Was macht unser Unternehmen eigentlich wertvoll und damit unverwechselbar?
2. Welches Marktinteresse soll befriedigt werden? Welchem Bedarf wollen wir Genüge tun, welche Problemlösungen wollen wir anbieten? Was will unser Unternehmen Eigenständiges leisten?
3. Welches Verhältnis soll zu den Mitarbeitern bestehen? Wollen wir ihr Interesse an Sicherheit durch eine gerechte Entgeltpolitik, ihr Interesse an Kontakten durch ein angenehmes Betriebsklima, ihr Bedürfnis nach persönlichem Wachstum durch fachliche und persönliche Fortbildung und durch erweiterte Verantwortung befriedigen?

4. Welches Verhältnis zu unseren Lieferanten wollen wir pflegen?
5. Wie wollen wir dem vitalen Interesse der Öffentlichkeit am Unternehmen genügen? Nehmen wir teil an gesellschaftlichen Aufgaben, beispielsweise an Umweltschutz und Aus- und Fortbildung? Tun wir nur das, was gesetzlich vorgeschrieben wird? Tun wir auch den mutigen ersten Schritt?
6. Wie verhalten wir uns gegenüber Staat und speziell Fiskus?
7. Wieweit lassen wir unseren Gläubigern in kritischen finanziellen Situationen Warnsignale zukommen?
8. Was tun wir, um das Interesse der Gesellschafter, der Aktionäre an ihren Einlagen zu sichern?
9. Wie wollen wir mit den Gewerkschaften zusammenarbeiten?
10. Haben wir die Absicht, kurzfristig hohe Gewinne zu machen? Oder wollen wir Gewinne vorrangig deshalb erzielen, um langfristig gut zu überleben, um uns durch die Vermehrung wirtschaftlicher Substanz weiterzuentwickeln, Vertrauen zu erhalten? Was tun wir dafür?
11. Erhalten alle Rahmenziele die gleiche Chance, oder sollen sie unterschiedlich gewichtet werden?

Die Unternehmensphilosophie wird verwirklicht durch die Unternehmenspolitik. Sie hat strategischen Charakter, wird also mittel- bis langfristig festgelegt. Die Unternehmenspolitik spaltet sich auf in verschiedene Teilpolitiken wie die Personalpolitik, die Beschaffungspolitik, die Produktionspolitik, die Absatzpolitik, die Politik gegenüber der Öffentlichkeit, die Steuer- und Finanzpolitik. Beispielsweise lautet ein mittelfristiges Ziel der Absatzpolitik: „Der Umsatz für Produkt A ist im Raum X innerhalb der nächsten drei Jahre jährlich um mindestens 8% gestiegen."

Unternehmensphilosophie und -politik legen die Grenzen fest, innerhalb derer die Mitarbeiter ihre Ziele vorschlagen und vereinbaren können.

Die einzelnen Ziele der Unternehmenspolitik werden auf Bereichs- und Abteilungsebene weiter aufgeschlüsselt. Diese Ziele haben kurz- und mittelfristigen Charakter. Beispielsweise kann ein Ziel für die Abteilung Organisation so lauten: „Die Ablauf- und Aufbauorganisation ist durch Systemanalyse und Systemverbesserung bis zum 31. 12. des nächsten Jahres bei unverändert positiver Motivation der

Mitarbeiter so rationalisiert worden, dass sich eine Nettoeinsparung von 450 000–500 000 € bei Kosten von 70 000–80 000 € ergibt."

2.2 Vereinbaren von Zielen

Abgeleitet aus der Unternehmensphilosophie und dem Zielsystem (Abb. 10) werden die Ziele der einzelnen Mitarbeiter vereinbart. Diese Ziele sind kurzfristig und reichen bis zu einem Jahr.

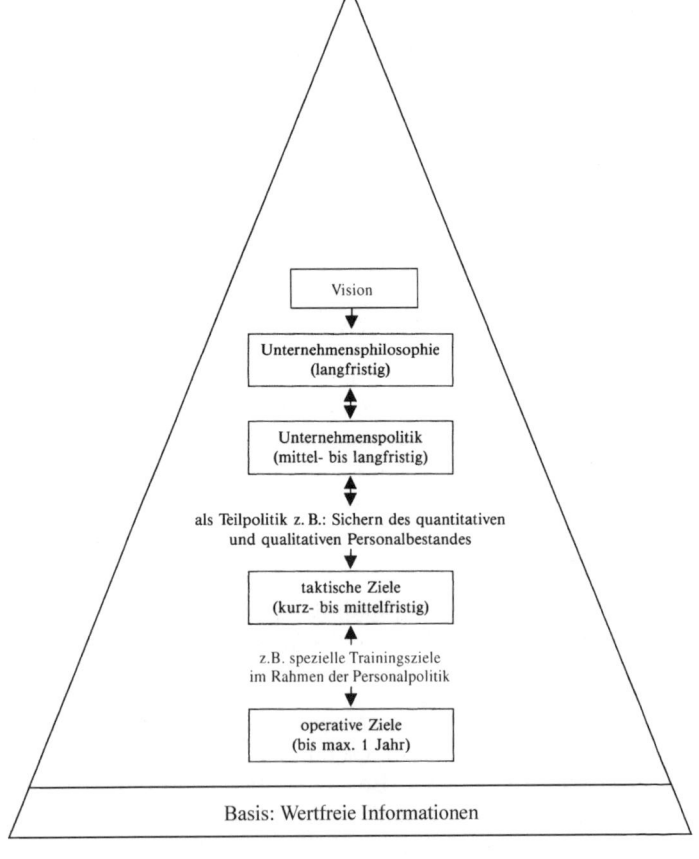

Abb. 10: Zielsystem eines Unternehmens

Nun zur Frage: „Wie erarbeite ich mit meinen Mitarbeitern die operativen Ziele?"

Die Zielvereinbarung erfolgt auf der Basis wertfreier Informationen (betriebs- und volkswirtschaftliche Daten) in wechselseitiger Abstimmung im „Gegenstromverfahren". Dieser Prozess fördert das unternehmerische Denken aller im Unternehmen Beschäftigten. Jeder sagt sich: „Nur Erfolge zählen, nicht Vorschriftenerfüllung." Für mündige Mitarbeiter gilt: Nur Zielvereinbarung statt Zielvorgabe stellt die Identifikation mit dem Ziel sicher. Zielvorgabe und die damit verbundene Fremd-Kontrolle des Mitarbeiters dagegen mindert das Engagement und die Leistung bei hochentwickelten Mitarbeitern. Zahlreiche Untersuchungen haben ergeben, dass wenig Entscheidungsspielraum, verbunden mit monotoner Arbeit, ein Höchstmaß an physischen und psychischen Störungen hervorrufen kann. Bei Mitarbeitern allerdings, die noch am Anfang ihrer beruflichen Entwicklung stehen, kann Zielvorgabe ein notwendiges Führungsinstrument sein (siehe Band 2 „Grundlagen der Führung", 12. Auflage, S. 113 ff., Reifegradmodell).

Wichtig ist, dass zunächst nur die *Ziele* geplant werden und *nicht der Ablauf*, durch den sie erreicht werden sollen. Ein Beispiel:

Der Personalleiter sitzt mit dem für die Personalbeschaffung verantwortlichen Mitarbeiter zusammen, um die gemeinsamen Ziele für das nächste Vierteljahr zu besprechen. Der Mitarbeiter: „Ich will Ihnen schildern, wie ich vorgehen möchte. Ich werde nochmals mit unserer Agentur in Verbindung treten, damit die Anzeigen aktueller gestaltet werden. Ich denke auch daran, die Kontakte zu Teilzeitfirmen zu intensivieren, damit wir noch mehr Halbtagskräfte bekommen." Sein Chef fragt: „Was wollen wir eigentlich? Wollen wir festlegen, wozu und wieviel Meister wir einstellen, also die gemeinsamen Ziele, den Zielplan, oder wollen wir darüber reden, wie Sie vorgehen, also über den Ablaufplan?" „Ach so" – meint sein Mitarbeiter – „Sie interessiert, wozu wir die neuen Meister einstellen und wieviele mit welcher Qualifikation?" „Richtig – erst kommt der Zielplan, dann der Ablaufplan. Den Zielplan vereinbaren wir gemeinsam. Im Ablaufplan legen Sie fest, wie Sie vorgehen. Das aber ist Ihre und nicht unsere gemeinsame Sache."

Der Zielplan gibt also an, zu welchem Zweck etwas gemacht wird, also wozu z. B. mehr Meister eingestellt werden. Der Zielplan wird zwischen Führungskraft und Mitarbeiter vereinbart. Der Ablaufplan gibt an, wie etwas gemacht wird, z. B. ob eine Personalagentur eingeschaltet wird oder nicht. Der Ablaufplan ist weitgehend (Reifegrad) Sache des Mitarbeiters.

Vereinbaren Sie die Ziele mit jedem Ihrer Mitarbeiter in vier Schritten (s. Faltblatt „Führen durch Zielvereinbarung", Literaturverzeichnis sowie Heft 56 („Motivation durch Zielvereinbarungen").

1. Vereinbaren Sie einen *Termin* für das Zielvereinbarungsgespräch.
2. Der Mitarbeiter und Sie erarbeiten für das Zielvereinbarungsgespräch unabhängig voneinander *Zielvorstellungen* für die nächste Planungsperiode – abhängig vom Reifegrad (maximal ein Jahr).
3. Im Zielvereinbarungsgespräch werden
   – Gemeinsamkeiten festgestellt,
   – Abweichungen diskutiert,
   – Veränderungen eingebracht und
   – die *endgültig vereinbarten Ziele* für beide Beteiligten durch den Mitarbeiter *schriftlich fixiert.*
4. Damit der Mitarbeiter weiß, welche Unterstützung er von Ihnen erwarten kann, werden alle *Ihre Beiträge für die Zielerreichung* ebenfalls *schriftlich* niedergelegt.

Voraussetzungen für die Zielerreichung klären

1. Führung (reifegradspezifisch)	6. Material
2. Mitarbeiter (Potenzial)	7. Information/Kommunikation
3. Finanzen	8. Zeit
4. Strukturen und Prozesse	9. Sonstige Ressourcen
5. Technologie/Systeme	

Beim Erarbeiten der Zielvorstellungen ist es sinnvoll, wenn jeder Mitarbeiter sich selbst und seiner Führungskraft die folgenden neun Fragen beantwortet:

1. Welche persönlichen Ziele habe ich?
2. Welche davon möchte ich in meiner jetzigen Tätigkeit verwirklichen?
3. Wie, glaube ich, werden sich meine Ziele mit der Zeit ändern?
4. Welches sind die betrieblichen Ziele?
5. Was ist das Ergebnis meiner Arbeit?
6. Wie werden meine persönlichen Ziele durch die betrieblichen Ziele beeinflusst?
7. Wie können die Unternehmensziele und meine persönlichen Ziele aufeinander abgestimmt werden?
8. Mit welchen Personen werde ich meine Ziele integrieren?
9. Welches Innovationsziel erreiche ich?

Abb. 11: „Mit welchen Personen werde ich meine Ziele integrieren?"
(Quelle: Karl-Heinz Brecheis/CCC, www.c5.net)

Aufgabe der Führungskraft ist es, zunächst zuzuhören und dem Mitarbeiter zu helfen, sich zu äußern.

Häufig lassen sich die persönlichen Ziele des Mitarbeiters im ersten Gespräch nicht ausreichend klären. Er braucht Zeit, um sich über persönliche Ziele klar zu werden.

Als Hilfestellung dienen folgende Fragen an den Mitarbeiter:

– In welchen Situationen haben Sie Erfolg empfunden?
– Welche Ziele, die Sie bisher erreicht haben, haben Sie am stärksten motiviert?

So kann dem Mitarbeiter bewusst werden:

Will ich lieber als qualifizierter Spezialist oder lieber als Führungskraft arbeiten? Will ich lieber im Inland bleiben oder eine Auslandstätigkeit annehmen?

Parallel zu den Zielen des Unternehmens ist also der rote Faden zu finden, der die Ziele des Mitarbeiters kennzeichnet. Das ist die wesentliche Voraussetzung für eine dauerhafte Abstimmung zwischen den Zielen des Unternehmens und denen des Mitarbeiters.

Im Einzelnen werden vier Arten operativer Ziele vereinbart:

1. *Standardziele* (auch fortlaufende oder sich wiederholende Ziele). Ein Standardziel des Personalleiters beispielsweise ist: Der quantitative und qualitative Personalbestand ist gesichert.

2. *Problemlösungsziele.* Ein Problem ist eine Abweichung von einer Norm. Es ist etwas so, wie es nicht sein soll. Ein Problemlösungsziel des Personalleiters kann sein: Der Krankenstand ist im Werk 1 von 9% auf 5% gesenkt.

3. *Innovationsziele.* Diese veranlassen den Mitarbeiter, selbst kreativ zu denken und zu handeln. Ein Innovationsziel setzt einen neuen Maßstab. Etwas in diesem Unternehmen noch nicht Dagewesenes wird anvisiert. Innovationsziele schulen das Denken in Möglichkeiten: Was ist mein „wildes Projekt" in diesem Jahr? Der Personalleiter setzt sich als Ziel, eine leistungsgerechte Bezahlung ist eingeführt, die sich aus dem Erreichen des mit dem Team vereinbarten Zieles ergibt.
Innovationsziele schaffen
   - einen signifikanten Kundenvorteil
   - ändern die Basis des Wettbewerbs, schaffen einen neuen Standard/ein neues System
   - fordern heraus
Innovationsziele
   - erfordern strukturelle Änderungen in der Organisation
   - können von Fakten und Analysen abgeleitet sein.

4. *Persönliche Entwicklungsziele* dienen der Verbesserung der persönlichen Eignung und Leistung auf den Gebieten:
   - Wissen und Kenntnisse
   - Einstellungen, Werthaltungen
   - Können
   - Lösen komplexer Probleme
So kann ein Ziel des Personalleiters sein, dass durch seine neuen Methoden der Organisationsentwicklung die Produktivität um 5% gesteigert ist.

Tipps u. Hinweise zum Formulieren u. Vereinbaren messbarer Ziele:

1. Ziele zu formulieren ist nicht eine bürokratische Übung, sondern bedarf kreativer Anstrengungen, um nutzlose Aktivitäten aufgrund nutzloser Ziele zu vermeiden.
2. Lassen Sie den Mitarbeiter begründen, warum er bestimmte Ziele in das Zielsystem aufnimmt und andere nicht. So sichern Sie die Zielentscheidung ab.
3. Vereinbaren Sie zur Fortschrittskontrolle messbare Zwischenziele, messbar nach Qualität, Quantität, Kosten, Terminen, Güte der Zusammenarbeit.
4. Vereinbaren Sie nicht nur Ziele, die Selbstverständliches beinhalten, sondern auch Ziele, die Außergewöhnliches anstreben (innovative Durchbruchsziele). Fordern Sie heraus, aber belasten Sie den Mitarbeiter nicht unangemessen. Berücksichtigen Sie die Ideen Ihrer Mitarbeiter und auch Ideen aus anderen Quellen, z. B. außerhalb des Unternehmens.
5. Leistungs- und selbstbewusste Manager vereinbaren messbare und anspruchsvolle Ziele.
6. Ziele müssen realistisch und situationsbezogen formuliert sein.
7. Wenn Ziele nicht aufgrund von Fakten präzise vereinbart werden können, dann arbeiten Sie am besten mit Schätzungen. Geschätzte Ziele sind besser als keine Ziele.
8. Formulieren Sie geringere Zielerreichungsgrade, wenn andere Ihre Ziele für unrealistisch halten.
9. Ziele können durch nicht vorhersehbare Umstände (Marktveränderungen, politische Krisen) gefährdet werden. Gehen Sie aber bei der Zielformulierung nicht davon aus, was alles passieren könnte, sondern nehmen Sie normale Bedingungen an.
10. Prüfen Sie, ob Ziele wirklich oder nur scheinbar wichtig sind. Fragen Sie: Dient das dem Unternehmen?
11. Ziele werden häufig nicht ehrlich, sondern aus taktischen Überlegungen heraus formuliert, z. B. um ein größeres Budget zu erhalten.
12. Welche Ziele dienen nur der Selbstdarstellung?
13. Ziele müssen so formuliert sein, dass ihre Erreichung nicht auf Kosten anderer und damit der gesamten Leistung der Organisation geht. Ziele stehen in einer Mittel-Zweck-Beziehung zu den nächsthöheren Zielen.

14. Vereinbaren Sie die Ziele mit dem Mitarbeiter. Führen Sie Mitarbeiter, die nicht gelernt haben, unabhängig zu denken, durch allmählich wachsende Partizipation an selbstständiges Vorschlagen von Zielen heran.
15. Vertrauliche Ziele können mündlich vereinbart werden.
16. Fragen Sie in schwierigen Fällen Menschen um Rat, die Erfahrung im Vereinbaren von Zielen haben. So stellen Sie sicher, dass Sie wirklich Ziele – nicht Aufgaben – definieren.
17. Lassen Sie sich die Voraussetzungen für die Zielerreichung (z. B. mehr finanzielle Unterstützung, mehr Personal, Überstunden) nennen. Bei geringem Reifegrad des Mitarbeiters lassen Sie ihn den Plan darlegen, wie die Ziele erreicht werden. Unterstützen Sie dabei.
18. Setzen Sie Kundenforderungen in Ziele um. (Nur 7 % der deutschen Manager tun dies.) Denn nicht das Haben von Wünschen und ihre Erfüllung, sondern das Herauskristallisieren von Kundenzielen und das Definieren der Kundenprobleme führt zum langfristigen Erfolg.
19. Setzen Sie Ihre Mittel für die wirklich wichtigen Ziele ein, d. h. solche, die eine Wertsteigerung der eingesetzten Mittel versprechen. Scheuen Sie sich nicht, Ziele fallen zu lassen, die unwichtig geworden sind.
20. Manche Ziele werden nicht erreicht. Schließen Sie daraus nicht, dass MbO wertlos, sondern dass es schwierig, aber notwendig ist. Analysieren Sie die Ursachen.
    Grundsätzlich gilt: Ziele sind zu erreichen!
21. Setzen Sie sich mit den Schwierigkeiten auseinander, die Ihre Mitarbeiter bei der Zielerreichung haben. Unterstützen Sie sie auf Anforderung.
22. Korrigieren Sie, wo Ziele nicht erreicht werden, und bestätigen Sie, wenn Ziele erreicht werden.

Führen Sie das Gespräch mit dem Mitarbeiter offen und im gegenseitigen Vertrauen.

Fragen Sie sich während und am Ende des Gesprächs:

- Habe ich meinem Mitarbeiter Ziele vorgegeben, oder habe ich sie wirklich mit ihm vereinbart?
- Wie kann ich das Gespräch künftig besser führen?

2.3 Vereinbaren von Leistungsstandards, integrierte Ziele und mögliche Zielkonflikte

Leistungsstandards sind Messgrößen dafür, wann ein *Ziel als erreicht gilt.*

Ziele geben an, zu welchem Zweck und wozu etwas zu tun ist. Leistungsstandards präzisieren die Ziele. Wenn das Ziel lautet: „Die Qualitätssicherung ist so verbessert, dass Ausschuss und Nacharbeit verringert sind", dann präzisieren Leistungsstandards dieses Ziel so, dass die Verringerung bis zum Ende des nächsten Halbjahres 15–20% beträgt und als Kosten dafür nicht mehr als 50–60 Tsd. € angefallen sind.

Das aus der gemeinsamen Formulierung von Zielen und ihren Leistungsstandards resultierende Einverständnis stellt einen wichtigen Teil des Nutzens von MbO dar. Denn ein Ergebnis ist immer nur so gut wie die Qualität der Entscheidung multipliziert mit der Motivation, dem Einverständnis ist, diese Entscheidung auch mitzutragen.

Anders formuliert: Ein Ergebnis ist nur so gut, wie Ziele und ihre Leistungsstandards präzise definiert sind und der Mitarbeiter bereit ist, sich dafür einzusetzen.

Jeder Mitarbeiter beantwortet daher zunächst allein und erst dann gemeinsam mit seinem Chef die folgenden Fragen.

Sind meine Ziele:

1. präzise formuliert und damit messbar?
2. terminbezogen?
3. quantifiziert bzw., wenn dies nicht möglich ist, wenigstens qualitativ bestimmt oder als Aktion beschrieben?
4. durch Ober- und Untergrenzen bestimmt?
5. integriert (horizontal und vertikal mit anderen Personen/Einheiten abgestimmt)?
6. widerspruchsfrei?
7. realistisch?
8. bezüglich der Zielerfüllung beurteilbar?

Durch messbar formulierte Ziele kann die Leistung, also der tatsächliche Grad der Zielerfüllung, bestimmt werden. Das ist nicht der Fall, wenn es heißt: „Im nächsten Jahr ist eine beachtliche Umsatzsteigerung zu erzielen." Was heißt „beachtlich"? Wie wird das gemessen? Ähnliche Schwierigkeiten treten auf, wenn Umschreibungen verwendet werden wie: erwünscht, geeignet, im Allgemeinen, gegebenenfalls, angemessen, viel, genügend und vernünftig. Solche Umschreibungen sind der Anlass dafür, dass beim Vergleich des erreichten Ergebnisses mit dem vereinbarten Ziel Streitgespräche entstehen.

Ziele müssen also erstens messbar formuliert sein. Dies ist der Fall, wenn sie den Leistungsstandards genügen: Zeit, Kosten, Qualität, Quantität, Güte der Zusammenarbeit.

Ziele müssen zweitens terminbezogen sein. Es ist ein genauer Zeitpunkt oder Zeitraum für die Zielerfüllung zu vereinbaren. Wenn das Ziel erst in weiter Zukunft erfüllt werden kann, werden Zwischenziele vereinbart. Sie ermöglichen eine Kontrolle in kürzeren Abständen.

Ziele sollen drittens quantifiziert werden. Quantitative Leistungsstandards sind beispielsweise: Absatzmengen, Qualitätsgrade, Produktivität, Zeiteinheiten, Umsatz. Lassen sich keine solchen Maßstäbe finden, dann ist nach Hilfsmaßstäben zu suchen. Drei Beispiele hierzu: Die vage Zielsetzung, „das Unternehmen will seine sozialen Verpflichtungen erfüllen", wird konkretisiert durch die „Höhe des Sozialaufwandes pro Beschäftigtem". Die vage Formulierung „hohe Leistung der Qualitätskontrolle" wird gemessen an der „Zahl der Kundenreklamationen". Die Aussage „Verbesserung des Betriebsklimas" wird quantifiziert über die Quoten von „Fluktuation" und „Krankenstand".

Ist dies nicht oder nur teilweise möglich, so sind qualitative Leistungsstandards zu vereinbaren, beispielsweise: „Die Verkaufsförderung entwickelt ein Layout, das für den modischen Trend der Schaufenstergestaltung in unserer Branche richtungweisend ist".

Können weder quantitative noch qualitative Leistungsstandards festgelegt werden, sind ausnahmsweise konkrete Aktionen zu vereinbaren. Ein Ziel gilt in diesem Fall als erreicht, wenn der Verkäufer mit dem Kunden Y ins Gespräch gekommen ist.

Können zunächst nur qualitative oder in Form von Aktionen beschriebene Ziele vereinbart werden, sind anschließend quantitative Leistungsstandards zu entwickeln.

Ziele werden viertens durch Ober- und Untergrenzen, also Toleranz-bereiche, definiert. Ein Ziel der Qualitätskontrolle lautet etwa so: „Die Reklamationen sind von 19% auf 10% bis 13% gesenkt." Wenn dieses Ziel punktuell bestimmt, also die Anzahl der Reklamationen z. B. auf 10% festgesetzt wird, dann müsste dieser Leistungsstandard von 10% bei Veränderungen innerhalb oder außerhalb des Unternehmens geändert werden. Störungen in den Prüfgeräten oder die Stimmung der Kunden lassen die Anzahl der Reklamationen schwanken. Ziele, für die Toleranzgrenzen angegeben sind, fangen jedoch kleinere Situationsänderungen auf.

Ziele mit Bandbreiten lassen sich leichter mit dem Mitarbeiter vereinbaren. Sie ermöglichen mehr Selbstkontrolle und darüber hinaus den Einsatz von Management by Exception.

Die Bandbreite muss realistisch formuliert sein als Spanne zwischen einem *pessimistischen* Zielerreichungsgrad (Ziel ist ohne zusätzlichen Aufwand in Frage gestellt), einem *wahrscheinlichen* Ergebnis (kann tatsächlich erreicht, in Ausnahmefällen überschritten werden) und einem *optimistischen* Ergebnis (ein mittleres Wunder wird vorausgesetzt).

Ziele werden fünftens horizontal und vertikal im Unternehmen *abgestimmt*, also integriert. Einzelziele dürfen nicht auf Kosten der Integration verfolgt werden. Ressortegoismus schadet dem übergeordneten Unternehmensziel. Mangelnde Zielkoordination liegt – um ein einfaches Beispiel zu nennen – dann vor, wenn das Umsatzziel des Verkaufsleiters nicht mit dem Produktionsziel des Produktionsleiters abgestimmt ist.

Jürgen Klinsmann (Mai 2006) betont die Bedeutung der Integration: „Wir wissen, dass wir nur etwas reißen können, wenn wir zusammenhalten, wenn wir eine außergewöhnliche Gemeinschaft bilden. Unser Fundament ist der Teamgeist."

Konzeptfußball … steht für eine Dominanz des Taktischen und des Systematischen, sowie für ein kollektives Verständnis des Spiels. Der Blick gilt demnach nicht dem Einzelnen, seinem Willen und Charakter, sondern dem Zusammenwirken der Kräfte auf dem Spielfeld."

Um zu überleben, müssen wir gemeinsam handeln. „Allein" ist eine Grabinschrift für Computer-Menschen. Egozentrisch sein, heißt, sich

Abb. 12: „Ziele sind realistisch zu formulieren."
(Mit freundlicher Genehmigung von Marie Marcks, Heidelberg)

auf jeden Fall selbst behaupten zu müssen. Automonie meint nicht
Egoismus: Gefragt ist solidarischer Individualismus.

Zwei negative Beispiele:

1. Beispiel: In keinem Land der Welt gibt es mehr als 900 Gremien,
in denen Bund und Länder versuchen, sich abzustimmen. Der Föderalismus kostet mindestens 10 Mrd. € im Jahr. Föderalismus ist nur
ein anderes Wort für ein Organisationssystem, bei dem eine Ebene

der anderen ständig bis in alle Einzelheiten hineinreden kann. Man nennt das „kooperativen Föderalismus". Es handelt sich aber um organisiertes Durcheinander. Man weiß nicht mehr, wer was zu verantworten hat.

2. Beispiel, April 2004: Als wichtigen Grund für das Scheitern des amerikanischen Sicherheitsapparates nannte *Ashcroft* die von der Politik gewollte Trennung der Kriminalpolizei von den Geheimdiensten. Sie hat Geheimdienstmitarbeiter davor zurückschrecken lassen, mit Kriminalbeamten zu reden. *Reno* erklärte, sie habe das FBI als eine Behörde kennengelernt, die „selbst nicht wusste, welche Informationen sie hatte". CIA-Chef *Tenet* wurde kritisiert: Kleinliches Management habe dazu geführt, dass einzelne Hinweise nicht zu einem größeren Bild zusammengefügt worden seien.

Daher gilt, wenn integrierte Ziele fehlen: Wenn zur Genossenschaft sich Eintracht nicht gesellt, ist's mit dem Werke schlecht bestellt: Es gibt nur Quälerei und man bringt nichts zurecht. *(Krylow)*

Mitunter scheint für die EU zu gelten: Getrennt stehen – vereint fallen.

Ziele sind sechstens widerspruchsfrei und ohne Zielkonflikt formuliert. Bei der Treuhand wurde die Leistung der Verantwortlichen bis 1992 ausschließlich an der Zahl der Privatisierungen gemessen – nicht an der folgenden Sanierung. Oder: Ein Unternehmen hatte für seinen Kundendienst das globale Ziel: Kosten sind gesenkt bei gleichbleibender Qualität. Hierzu wurden den Kundendiensttechnikern nur quantitative Leistungsstandards vorgegeben, wie „Zeitaufwand pro Kunden" und „Zahl der Kundenbesuche". Zuerst gingen die Kosten stark zurück. Bald jedoch fiel bei den Mitarbeitern die Leistung stark ab. Viele von ihnen kündigten. Untersuchungen ergaben, dass durch die rein quantitativen Ziele mangelnde Sorgfalt geradezu erzwungen wurde. Qualitative Aspekte waren nicht gleichgewichtig in die Zielvereinbarung eingegangen. Die sinkende Qualität des Kundendienstes beeinträchtigte das Selbstverständnis und damit die Motivation der Kundendiensttechniker.

Der Zielkonflikt ist klar: Bei überzogenen quantitativen Kostenzielen konnte eine gleichbleibende Qualität nicht realisiert werden.

Von konfliktären oder konkurrierenden Zielen spricht man dann, wenn die Zielerreichung eines Zieles zum verminderten Zielerreichungsgrad eines anderen Zieles führt. Ziele können auch in komplementärer Beziehung stehen, nämlich dann, wenn die Erfüllung eines Zieles die Erfüllung eines anderen Zieles steigert. In der Regel ist das beim Umsatz- und Gewinnstreben der Fall. Nur dann, wenn man zwei Ziele ohne Bezug zu einem umfassenden Zielsystem betrachtet, gibt es den Fall, dass die Zielerfüllung eines Zieles das andere Ziel nicht beeinflusst.

Häufig werden Zielkonflikte nicht bewusst wahrgenommen und auch nicht aufgespürt. Abbildung 13 kann auf zwei Arten von Zielkonflikten untersucht werden: einmal auf die Konflikte, die zwischen diesen Zielbereichen entstehen, und zum anderen auf die Konflikte, die innerhalb dieser Bereiche auftreten können.

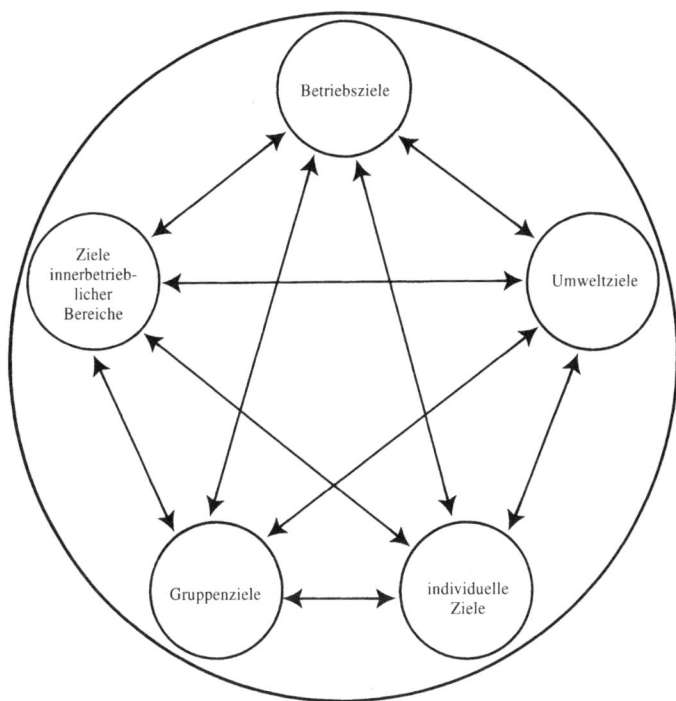

Abb. 13: Konfliktäre Zielbereiche

Hier einige Beispiele für Konflikte *zwischen* den Zielbereichen:

- Betriebsziel gegen Ziele innerbetrieblicher Bereiche: Gewinnstreben gegen Machtausweitung.
- Betriebsziel gegen Gruppenziele: formelle Verhaltensvorschriften gegen informelle Normen, einseitige Leistungsorientierung auf Kosten des Engagements.
- Betriebsziel gegen individuelle Ziele: Personalkosten senken gegen höheres Entgelt.
- Betriebsziel gegen Umweltziele: Aufrechterhalten der Lieferbereitschaft gegen Bewahren von Rohstoffen.
- Bereichsziel gegen Gruppen- und/oder individuelle Ziele: Sanierung gegen Statusverlust/Verlust des Arbeitsplatzes.
- Gruppenziele gegen individuelle Ziele: informelle Normen gegen persönliche Wertvorstellungen.

Hier einige Beispiele für Konflikte *innerhalb* der Zielbereiche:

- Betriebsziele: Wachstum gegen Vermeiden von Überkapazitäten.
- Ziele innerbetrieblicher Bereiche: Verkauf strebt zur Vergrößerung des Marktanteils ein differenziertes Sortiment an, die Produktion dagegen zur Senkung der Produktionskosten eine Typenbereinigung und große Serien.
- Gruppenziele: Zielstreitigkeit innerhalb einer Gruppe (Intragruppenkonflikt); unterschiedliche Interessenlage zwischen zwei Produktionsgruppen (Intergruppenkonflikt).
- individuelle Ziele: Karriere gegen Zeit und Energie für die Familie (intrapersoneller Konflikt); persönliche Rivalität aufgrund von Vorurteilen (interpersoneller Konflikt).
- Umweltziele: pro und kontra Atomkraft.

Konflikte entstehen häufig, weil nicht klar ist, worauf die Parteien eigentlich abzielen. Erst wenn dies durch die gegenseitigen Ziele genau beschrieben ist, lässt sich nach einer Lösung suchen (siehe Faltblatt „Konflikt-Management" im Literaturverzeichnis). Bei der Formulierung von Zielen werden also mögliche Zielkonflikte aufgedeckt.

Ziele müssen siebtens realistisch sein. Sie sind von der Eignung und Leistungsfähigkeit der Mitarbeiter und den verfügbaren Mitteln her erreichbar. Sowohl Über- als auch Unterforderung wirken leistungs-

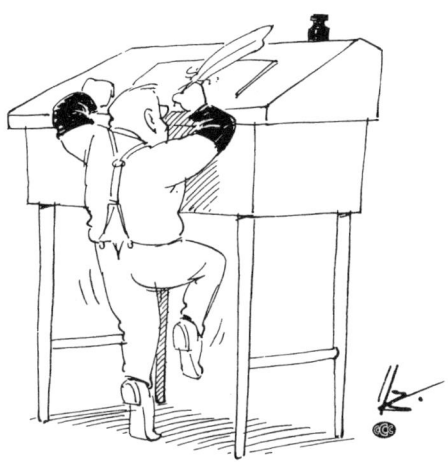

Abb. 14: Viele werden von den großen Stücken, die man auf sie hält, erdrückt.
(Quelle: Karl-Heinz Brecheis/CCC, www.c5.net)

mindernd. Bei Überforderung sind die Ziele trotz größter Anstrengung nicht zu erreichen. Die Trauben hängen zu hoch. Bei Unterforderung liegen ungenutzte Leistungsreserven brach. Beides macht unzufrieden und wirkt sich damit über sinkende Leistung auf die Kosten aus. Auch Sie fahren Ihr Auto im optimalen Bereich, also weder mit zu hohen noch mit zu niedrigen Drehzahlen.

Gehen Sie zunächst davon aus, dass jeder Mitarbeiter realistische Ziele formuliert und alles tut, um diese selbstgesetzten Ziele auch zu erreichen: Niemand sägt gerne den Ast ab, auf dem er sitzt.

Es zeigt sich allerdings immer wieder, dass Mitarbeiter bei der Einführung von MbO dazu neigen, ihre Ziele zu weit zu stecken und dann am Ende der Zielperiode enttäuscht sind. Aufgabe der Führungskraft ist es daher, die Mitarbeiter zur Vorsicht anzuhalten. Vereinbaren Sie daher maximal sieben Ziele.

In die Formulierung realistischer Ziele gehen ein:

1. die Erfahrungen des Mitarbeiters,
2. die Erfahrungen der Führungskraft,
3. die gemeinsame Einschätzung künftiger Entwicklungen,
4. wenn möglich, statistisch abgesicherte Prognosen.

Ziele sind schließlich achtens so formuliert, dass der Mitarbeiter selbst beurteilen kann, ob er sich dem Ziel nähert oder nicht. Feedback über den Fortschritt trägt entscheidend zu einer hohen Leistungsmotivation bei: Der Mitarbeiter wird zu einem sich selbst ins Ziel regelnden „System".

Bitte prüfen Sie:

Wurden für alle meine Ziele und die meiner Mitarbeiter alle acht Leistungsstandards berücksichtigt? Wo lassen sie sich verbessern? Gehen Sie diese Fragen auch mit Ihrem Chef und mit Ihren Mitarbeitern durch.

Hier noch einmal die *acht Anforderungen* für Ziele:

1. präzise formuliert und damit messbar,
2. terminbezogen,
3. quantifiziert bzw., wenn dies nicht möglich ist, wenigstens qualitativ bestimmt oder als Aktion beschrieben,
4. durch Ober- und Untergrenzen bestimmt,
5. integriert (horizontal und vertikal mit anderen Personen/Einheiten abgestimmt),
6. widerspruchsfrei,
7. realistisch,
8. bezüglich der Zielerfüllung beurteilbar.

So präzisierte Ziele helfen, Ergebnisgespräche zwischen Führungskraft und Mitarbeiter konfliktfreier zu gestalten.

Mitarbeiter: „Die Ergebnisse meiner Tätigkeit kann man nicht messen."
Chef: „Warum nicht?"
Mitarbeiter: „Sie sind nicht greifbar."
Chef: „So? Und warum soll ich Sie für nicht greifbare Ergebnisse bezahlen?"
Mitarbeiter: „Ich habe schließlich studiert und bin zugelassen!"
Chef: „Hmm. Na schön. Hier ist Ihr Geld."
Mitarbeiter: „Wo? Ich sehe nichts!"
Chef: „Natürlich nicht … es ist nicht greifbar."

Machen Sie das Verhalten von Menschen messbar, und es wird sich ändern!

Art und Ausmaß der Ziele zeigen das persönliche Anspruchsniveau eines Mitarbeiters.

2.4 Vereinbaren von Kontrollverfahren

Wir haben bis jetzt drei Schritte von MbO kennengelernt:

1. Die Unternehmensphilosophie als Basis für Ziele,
2. Vereinbaren von Zielen,
3. Vereinbaren von Leistungsstandards.

Im vierten Schritt sind die *Verfahren* zu vereinbaren, die der Kontrolle dienen, ob und inwieweit die Ziele erreicht worden sind. Warum ist auch beim Kontrollverfahren eine Vereinbarung wichtig? Sie ist wichtig, weil sonst bei der Fortschrittsbesprechung, beim Vergleich des Ergebnisses mit dem Ziel – um ein extremes Beispiel zu nehmen – der Chef in Metern misst, der Mitarbeiter aber in Zoll. Sie meinen, so etwas kommt nicht vor? Hier zwei Beispiele:

Die Mars-Orbiter-Sonde wurde Opfer fehlerhafter Software. Zwei Gruppen waren verantwortlich. Die eine rechnete in Meilen, die andere in Kilometern. Dadurch wurde die Entfernung des Orbiter zur Mars-Oberfläche unterschätzt. SZ, 17. 10. 04: 54 Zentimeter, der große Unterschied. Beim Bau einer Rheinbrücke zwischen Deutschland und der Schweiz verrechnen sich die Ingenieure und müssen nun nachbessern. Würde die Brücke wie geplant gebaut, käme sie zu tief auf deutscher Seite an. Deutschland orientiert sich an der Nordsee, die Schweiz am Mittelmeer, das 27 Zentimeter tiefer ist. Zum Glück haben es die Schweizer noch gemerkt.

Kontrollverfahren sind etwa Marktanalysen, Kundenberichte, Umsatzstatistiken, Terminpläne, Messinstrumente, Qualitätsberichte und Ähnliches.

Kontrollieren Sie – reifegradspezifisch – nicht nur am Ende der Zielperiode, sondern auch während des Jahres:

- Erreichen die Mitarbeiter die vereinbarten Zwischenziele?
- Sind die Ziele noch angemessen? Wenn unvorhersehbare Ereignisse eingetreten sind, vereinbaren Sie eine Änderung der Ziele.
- Beraten Sie den Mitarbeiter, sofern notwendig (Reifegrad!).
- Verstärken Sie die Selbstkontrolle des Mitarbeiters.

Kontrollieren Sie auch am Ende der Zielperiode:
(bei Reifegrad 4 hat der Mitarbeiter für die Ergebnisse die Bringschuld, bei Reifegrad 1 hat die Führungskraft die Holschuld)

- Fordern Sie vom Mitarbeiter eine Einschätzung zu:
  • Grad der Zielerreichung,
  • Abweichungen,
  • mögliche Ursachen für Abweichungen,
  • Verbesserungsmöglichkeiten.
- Klären Sie in einem gemeinsamen Gespräch, wie Sie beide die Leistung tatsächlich sehen.
- Besprechen Sie Probleme des Mitarbeiters, sofern notwendig. Aber diskutieren Sie nicht in der gleichen Besprechung Gehaltsfragen.
- Ziehen Sie gemeinsam Konsequenzen für eine neue Zielvereinbarung.

2.5 Arbeitsfragen

Stellen Sie sich nun selbst bitte die folgenden 12 Fragen zu den vier Schritten von „Management by Objectives" (1. Die Unternehmensphilosophie als Basis für Ziele und das Zielsystem des Unternehmens, 2. Vereinbaren von Zielen, 3. Vereinbaren von Leistungsstandards, 4. Vereinbaren von Kontrollverfahren).

Wir schlagen Ihnen vor, sich für die schriftliche Antwort 20 Minuten Zeit zu nehmen.

1. Welche Philosophie hat mein Unternehmen?
2. Welche Strategien verfolgt mein Unternehmen?
3. Welches ist die Rangfolge der Unternehmensziele?
4. Welche Ziele verfolge ich mit meiner Tätigkeit?
5. Was ist meine Wertschöpfung?
6. Welches ist die Rangfolge meiner Ziele?
7. Nehme ich Aufgaben wahr, für die ich keine Ziele nennen kann? Welche Aufgaben sind das?
8. Sind alle meine Ziele durch die Leistungsstandards präzisiert?
9. Mit welchen vereinbarten Verfahren kontrolliere ich, ob ich meine Ziele erreiche und ob meine Mitarbeiter ihre Ziele erreicht haben oder nicht?

10. Wie demonstriere ich meine Zielorientierung?
11. Welches Innovationsziel verfolge ich/verfolgt jeder meiner Mitarbeiter?
12. Welches persönliche Entwicklungsziel verfolge ich/verfolgt jeder meiner Mitarbeiter?

Stellen Sie auch Ihren Mitarbeitern diese Fragen. Tun Sie es selbst dann, wenn Sie sicher sein sollten, dass diese nicht verlegen an ihren Stiften nagen. Wahrscheinlich werden Sie vorrangig Antworten bekommen wie: „Meine Aufgabe ist die und die" oder „ich mache dies und jenes", aber nur selten „ich ziele ab auf ..." oder „ich will ... erreicht/bewirkt haben".

Ihre Antworten auf die 12 Fragen und die Ihrer Mitarbeiter sind der beste Aufhänger für eine Diskussion über Sinn und Zweck von MbO.

3. Durchführung und Erfolgskontrolle

Sind die Ziele vereinbart, erreicht der Mitarbeiter seine Ziele weitgehend selbstständig. Die Wahl der Mittel ist ihm im Rahmen der Vereinbarungen freigestellt. Nur in Ausnahmefällen unterstützt die Führungskraft den Mitarbeiter; nämlich immer dann, wenn die Zielerfüllung innerhalb der gemeinsam festgelegten Toleranzbereiche entscheidend gefährdet ist. Der Mitarbeiter ist zum selbstständigen Handeln herausgefordert („Management by Exception").

In Fortschrittsbesprechungen (zeitliche Abstände hängen vom Reifegrad ab) werden der Grad der Zielerfüllung festgehalten, die Abweichungen vom Ziel präzisiert und die Ursachen für diese Abweichungen analysiert.

Ursachen für Zielabweichungen können sein:

1. unrealistisch vereinbarte Ziele,
2. unrealistische Planung der zur Zielerfüllung notwendigen Ressourcen,
3. Fehler in den Vollzugshandlungen: unvorhergesehene Mängel in der fachlichen Eignung und der Leistung des Mitarbeiters,
4. unvorhersehbare Ereignisse und andere äußere Störungen, wie Mängel im Informationssystem, unvorhersehbare (wirtschafts-) politische Ereignisse.

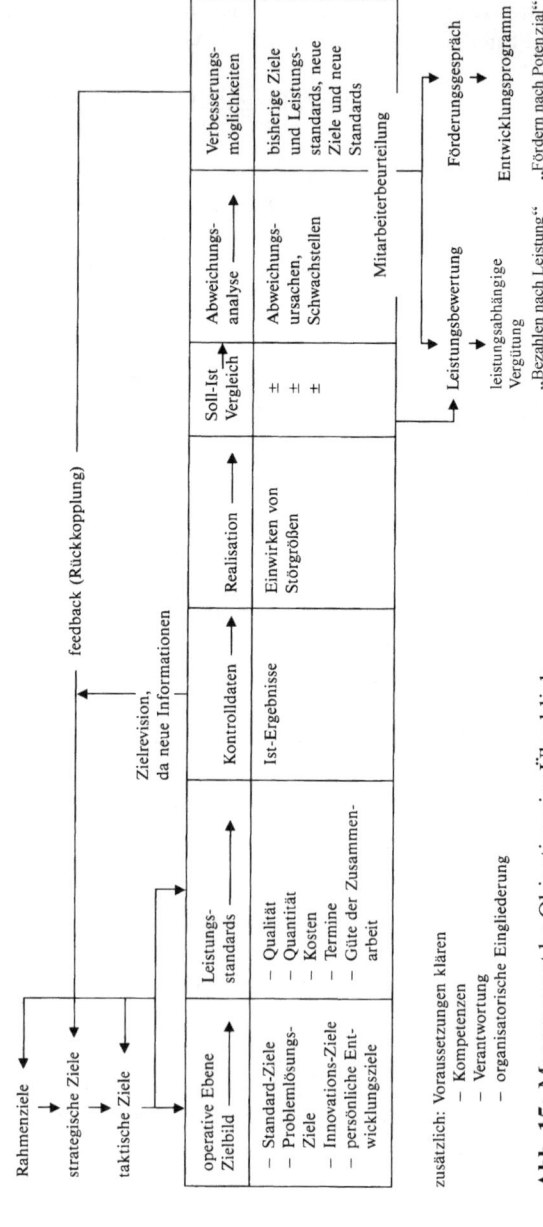

Abb. 15: Management by Objectives im Überblick

56

Alle weiteren Maßnahmen setzen an diesen vier Ursachen für Zielabweichungen an.

„Management by Objectives" – „Führen durch Zielvereinbarung" – erweist sich somit als ein dynamisches System.

Dynamisch, weil die vereinbarten Ziele nicht ein für alle Mal gelten. Sie werden zwischen Führungskraft und Mitarbeiter fortgeschrieben.

Dynamisch, weil Lernprozesse aller Beteiligten garantiert sind.

Dynamisch, weil vereinbarte Ziele die Anpassungsfähigkeit, Leistungsfähigkeit und damit letztlich die Überlebensfähigkeit des Unternehmens sichern.

Einen Überblick über Management by Objectives verdeutlicht Abbildung 15.

4. Welche 5 Gesichtspunkte sind bei der Einführung von Management by Objectives zu beachten?

Fünf Gesichtspunkte sind, wie die Berichte über MbO aus der Praxis zeigen, entscheidend für den Erfolg.

1. Alle Führungskräfte identifizieren sich mit MbO. So sind sie ständig durch eigenes zielorientiertes Denken und Handeln den Mitarbeitern ein Vorbild. *Beispiel:* Ein Manager befestigt ein Metermaß an seiner Bürotür. Auf die Frage eines Mitarbeiters, was das bedeutet, antwortet er: „Jetzt machen wir unsere Ziele messbar."

2. Uneingeschränkte Unterstützung durch die Unternehmensleitung.

Es heißt zwar häufig, MbO sei von vornherein ein totgeborenes Kind, wenn diesen beiden Bedingungen „Identifikation" und „Unterstützung durch die Unternehmensleitung" nicht Rechnung getragen wird. Praktische Erfahrungen zeigen jedoch, dass Sie mit MbO auch im Kleinen beginnen können. Wenn es sonst niemand tut, dann fangen *Sie* eben an.

3. Für die Einführung von MbO im ganzen Unternehmen empfiehlt sich ein sorgfältiges und auf die spezifischen Belange des Unternehmens abgestimmtes Vorgehen. Hierfür sollte ein besonders auf MbO trainiertes Projektteam zusammengestellt werden.

Alle Schwungkraft dieses Teams muss darauf gerichtet sein, flexibel vorzugehen und nichts durchzuboxen, nicht ein für alle Mal ein absolutes System zu installieren nach dem Motto: „Jetzt wird alles anders." Widerstand richtet sich nur selten gegen sachliche oder technische Veränderungen. Widerstand resultiert weitgehend daraus, dass Mitarbeiter negative Auswirkungen befürchten: z. B. Entlassungen aufgrund einer mit MbO verbundenen Rationalisierung im Unternehmen. Daher sind vor der Einführung von MbO alle Führungskräfte und Mitarbeiter über das Verfahren, seine Vorteile und Schwierigkeiten offen zu informieren. Die Anregungen aus der Diskussion werden dann bei der Einführung von MbO beachtet.

4. Schulung von Führungskräften und Mitarbeitern.

Ziele: Das Konzept ist verstanden, es wird in Zielen gedacht (statt in Aufgaben), messbare Ziele sind formuliert.

Die Teilnahme an MbO darf nicht erzwungen werden. Es ist sicher, dass auch Einheiten, die zuerst kein Interesse zeigen, im Laufe der Zeit durch Erfolge anderer Einheiten neugierig werden. MbO ist kein Programm, das man verkaufen muss: Es verkauft sich von selbst.

Das Motto lautet: „Mitarbeiter gewinnen, nicht zwingen."

5. MbO kann nicht von heute auf morgen eingeführt werden. Es ist ein Zeitraum von ca. 18 Monaten bis zu drei Jahren für das gesamte Unternehmen anzusetzen. Planen Sie für das erstmalige Vereinbaren operativer Ziele für jeden Mitarbeiter in mehreren „Trainings"-Gesprächen 2 bis 6 Stunden ein. Wenn Ihnen dieser Aufwand zu hoch erscheint, beherzigen Sie *Morgenstern:* „Wer vom Ziel nichts weiß, wird den Weg nicht finden."

Außer den vereinbarten Zielen ist auch zu prüfen, welche Ziele/Aufgaben aufzugeben sind: Was würden wir heute nicht mehr anfangen, wenn wir es nicht schon getan hätten? Wie schnell können wir uns von etwas trennen? Gute Unternehmer sind gute Unterlasser.

Motto: Wenn etwas Neues rein, dann etwa Altes raus! Wenn ich weiterhin tue, was ich immer getan habe, werde ich bekommen, was ich immer bekommen habe.

Abb. 16: MbO nicht einführen nach dem Motto: „Jetzt wird alles anders"
(Quelle: Klaus Pause/CCC, www.c5.net)

Für die Einführung von MbO empfiehlt sich also:

1. Identifikation der Führungskräfte mit dem Konzept,
2. Unterstützung durch die Unternehmensleitung,
3. Ein Projektteam plant und informiert,
4. Schulung von Führungskräften und Mitarbeitern,
5. Ein Zeitraum von bis zu drei Jahren für das gesamte Unternehmen, bzw. 2–6 Stunden für das erstmalige Vereinbaren messbarer Ziele jedes Mitarbeiters.

5. Welche Vorteile bringt Management by Objectives für die Motivation des Mitarbeiters?

(siehe Band „Motivation durch Zielvereinbarungen")

MbO fördert die Motivation des Mitarbeiters durch:

– Kommunikation im „Gegenstromverfahren" zwischen ihm und der Führungskraft. Das zeigt ihm: „Ich werde gebraucht".
– Vereinbarte – statt vorgegebene – Ziele regen den Mitarbeiter zur Leistung an.
– Der Mitarbeiter hat mehr Handlungsfreiheit. Seine Eigeninitiative und sein Suchen nach neuen Lösungen wird entwickelt. Er wird zum Mit-Denker und Mit-Unternehmer. Er fragt sich:
  • Schaffe ich eine größere Wertschöpfung als mein Wertverzehr das Unternehmen kostet?
  • Was erwartet das Unternehmen für meine Bezahlung?
  • Womit trage ich dazu bei, die wirtschaftlichen Ziele meiner Organisation zu sichern?
  • Wozu besteht mein Arbeitsplatz?
– Der Mitarbeiter kontrolliert sich selbstverantwortlich (reifegradspezifisch).
– Die Leistung lässt sich anhand vereinbarter Leistungsstandards und Kontrollverfahren messbarer und damit gerechter bestimmen. Konflikte werden so reduziert.
– Der Mitarbeiter erhält – außer Sachinformationen – Anerkennung für erfolgreiches Verfolgen und Erreichen von Zielen. Anerkennung fordert den Mitarbeiter zu weiteren Leistungen heraus. Positive Konsequenzen für erreichte Ziele üben auf den Mitarbeiter eine starke „Sogwirkung" in Richtung auf neu vereinbarte Ziele aus. Angst vor Misserfolg, vor negativen Konsequenzen, wird weitgehend ersetzt durch Hoffnung auf Erfolg, beispielsweise Förderung. Diese wird zugleich Eignungs- und Leistungsmängel ausgleichen, die bei steigenden Anforderungen auftreten können. Erfolgserlebnisse machen den Mitarbeiter engagierter.

Leistungsmotivation durch ein richtig verstandenes und praktiziertes MbO ist daher kein „Leistungsterror". Der Mitarbeiter erreicht – abgestimmt auf die betrieblichen Ziele – das, was er selbst kann und will. So beeinflusst er seine Bezahlung.

Motto: Erst die (zielorientierte) Bewegung, dann die Verpflegung!

Als *Michael Schumacher* in die Formel 1 kam, wollte er Weltmeister werden. Sein 2. Ziel: Titelverteidigung. Das 3. Ziel nach Wechsel zu Ferrari: Seriensiege – das Glück bleibt beim Sieger. So zeigte er die Attitüde eines guten Managers:

1. Ziel festlegen
2. Darauf hinarbeiten
3. Erfolgskontrollen
4. Korrekturen an Arbeitsweise und Ziel.

III. Teil: Welche Bedeutung hat die jeweilige Situation für die Zielerreichung?

Wir orientieren uns an den fünf Merkmalen der Führung:

1. der Führungskraft,
2. dem Mitarbeiter, } siehe Band „Grundlagen der Führung"
3. der Gruppe,
4. der gemeinsamen Zielsetzung und } Band „Führungsstile-
5. der Situation } Management by Objectives"

Führungskraft, Mitarbeiter und die Gruppe erreichen ihre gemeinsamen Ziele nur dann, wenn sie die jeweilige betriebliche und außerbetriebliche Situation berücksichtigen. Unternehmen und die in ihnen Tätigen stehen mit einer sich ständig ändernden Umwelt in wechselseitiger Beziehung. Unternehmen können nur dann überleben, wenn sich alle Mitarbeiter den wechselnden Situationen flexibel anpassen. Führen ist insofern „situativ".

1. Was kennzeichnet unsere heutige und künftige Situation?

Durch welche Merkmale ist nun unsere heutige und künftige Situation im Gegensatz zu früher gekennzeichnet? Hier die wichtigsten Aspekte:

Wissensexplosion und Intellektualisierung

Seit Beginn der Industrialisierung und der damit verbundenen Wissensexplosion wird der Glaube in Frage gestellt. Wissen schlägt sich immer schneller um. Dies fördert die Lebensbewältigung durch Kommunikation und Technisierung. Zugleich wird der Kopf wichtiger als die Muskeln. Die Entwicklung des Bildungswesens, der elektronischen Datenverarbeitung, der Kybernetik und das Systemdenken belegen dies. *Bill Gates* ist der reichste Mann geworden durch eine „Denk-Fabrik" – nicht, wie früher, durch einen Produktionsbetrieb.

Berücksichtigen wir diesen Wandel in unseren Unternehmen und unseren Methoden ausreichend?

SZ, 20. 9. 04: „Das grundlegende Paradox der gegenwärtigen Bilanzierungsrealität besteht darin, dass Unternehmen, die systematisch in ihre Zukunft investieren, eine Verschlechterung ihrer Gewinn- und Verlustrechnung erleiden: Erhöhte Aufwendungen für Forschung und Entwicklung, Marktanalysen und Weiterbildung belasten die Bilanz. Der Buchwert sinkt, obwohl die Wettbewerbsfähigkeit steigt. Dagegen steht die Wissensbilanz. Bei Basel II werden auch die weichen Faktoren der Managementqualität und der strategischen Positionierung analysiert. – Es entscheiden im Einzelhandel hoch qualifizierte Verkäufer (Humankapital), erstklassige Standorte und Warenwirtschaftssysteme (Strukturkapital), leistungsstarke Lieferanten und zufriedene Kunden (Beziehungskapital). Diese Werte erscheinen aber in keiner Handelsbilanz. *(Thomas Rusche)* Der wahre Wert einer Unternehmung ist heute zum großen Teil unterhalb der traditionellen Bilanzierungsrealität verborgen. Der Cash-flow wird eben nicht in der Buchhaltung generiert.

Ein weiteres Paradox zur Wissensexplosion:

Fast die Hälfte aller Arbeitslosen in den alten Bundesländern hat keine abgeschlossene Berufsausbildung. Jeder 3. US-Arbeitslose hat nach 3 Monaten eine neue Stelle, jedoch nicht einmal jeder 10. Deutsche. Daher konstatiert die Weltbank: „Wohlhabend sind insbesondere Länder mit hohen Humankapitalinvestitionen." Und diese Investitionen folgen einer Grundhaltung: Amerikaner sind überzeugt, dass alle Menschen dazu begabt sind, etwas aus sich zu machen. Diese Überzeugung ergibt sich aus dem optimistischen Menschenbild der Demokratie. Man bleibt mit der Erwartung eigenverantwortlichen Handelns konfrontiert und damit zugleich mit dem Vertrauen, dieser Erwartung gewachsen zu sein. In Deutschland gilt dagegen der Glaube, gegen Begabungsmangel könnten Bildungsanstrengungen nichts ausrichten. Dem demokratischen Menschenbild zufolge kann und soll die Vergangenheit des Einzelnen seine Zukunft nicht festlegen. In Deutschland beträgt die Quote der Hochschulabsolventen 19 %, die der OECD mehr als 30 %. Eine Ursache dafür könnte sein, dass nur 11,3 % der Eltern sich hochbegabte Kinder wünschen, 83 % wollen sie auf keinen Fall. Nur 7,3 % der Eltern erklären, hochbegabte Kinder hätten Vorteile im Leben.

Unsichere Kontrolle der Naturfaktoren

Die Naturabhängigkeit ist zwar einerseits zurückgegangen beispielsweise dadurch, dass man Epidemien eher im Griff hat, Erdbeben leichter vorhersagen kann – andererseits sterben weiterhin Millionen Menschen an Hunger. Wir wissen noch nicht oder wollen nicht wissen, welche Konsequenzen das Waldsterben, die Luft- und Gewässerverschmutzung, Orkane, das Absinken des Grundwasserspiegels, der Klimawandel und die Eingriffe der Gentechnik in die natürlichen Abläufe mit sich bringen.

Existenzielle Bedrohung der Menschheit

Umweltzerstörung, politische Krisenherde, die an immer neuen Orten mit hohen Risiken aufflammen, Terrorismus, und Waffenarsenale, die in ihrer Gesamtheit ausreichen, Teile der Menschheit auf einen Schlag zu vernichten, all dies zeigt eine Situation, die in der Geschichte der Menschheit einmalig ist.

Globalisierung und weltweites wirtschaftliches Ungleichgewicht

Das Bemühen um ein weltwirtschaftliches Gleichgewicht wird weiterhin große finanzielle, technische und soziale Probleme aufwerfen.

Internationale Verflechtungen (z.B. die EU-Erweiterung) wirken stark auf heimische Märkte. Damit unterliegt auch der Arbeitsmarkt ständigen Veränderungen! SZ, Oktober 05: Die deutschen Arbeitskosten sind von der ausländischen Konkurrenz um 17% unterboten worden. Die hohen Lohn- und Zusatzkosten werden auch nicht durch einen höheren Produktivitätsvorsprung aufgehoben. Bei Arbeitskosten hat Deutschland das zweithöchste Niveau – bei der Wertschöpfung je Beschäftigten-Stunde belegen wir nur den 7. Platz (von 14 Industrienationen).

Problemlösungen für Entwicklungsländer – Geburtsstätten potenzieller Krisen – werden gegenwärtiger und immer dringlicher.

Unsicherer materieller Wohlstand

In den großen Industrienationen war – von Ausnahmen abgesehen – an die Stelle materiellen Elends im Durchschnitt Wohlstand getreten. Manche aus der „Generation der Erben" glaubten, sie könnten sich zurücklehnen und verzichteten auf eine Karriere als Pyramidenklet-

terer, ihr Antrieb in Richtung auf Leistung und Erfolg war abge-
schwächt. Spaß statt Leistung wurde einseitig betont. Aber die Situation ist trügerisch. In vielen Ländern herrscht hohe Arbeitslosigkeit,
ist das bestehende soziale Netz instabil, leiden ehedem stabile Volks-
wirtschaften unter extremer Verschuldung.

Anstelle von Sicherheit bieten die Unternehmen heute Qualifizie-
rungsmöglichkeiten: Wie stark haben Sie in den letzten zwölf Monaten sich selbst und Ihren Job verbessert? Wenn Sie Ihren Arbeitsplatz
dadurch nicht erhalten können: Rationalisieren Sie ihn weg, bevor
dies ein anderer tut: Ihre Eigenaktivität bewahrt Ihnen die Chance für
eine neue Aufgabe. *Hitzfeld:* „Verteidigen ist viel leichter als nach
vorne zu zaubern." Wodurch „zaubern" Sie nach vorne?

Demokratisierung

Anstelle von Institutionen, die durch Tabus und Gebote schweigen-
den Gehorsam forderten, überwiegt kritikfördernde Meinungsfrei-
heit. Wirtschaftliche Unterdrückung infolge materieller Abhängigkeit wird zunehmend durch eine immer stärker werdende Zusammenarbeit zwischen Arbeitgeber und Mitarbeiter abgelöst. Immer
mehr Menschen möchten ihr eigenes Arbeits- und Berufsleben mit-
gestalten. Die Folge: Wenn Menschen sollen, wollen sie nicht mehr.
Dies fordert von Managern Stil statt Hochmut. So klagt ein älterer
Kellner in einem Klub: „Die alten Mitglieder haben einen so zuvor-
kommend behandelt." „Wir fühlten uns gut, wenn wir sie bedienten,
weil sie es verdienten, bedient zu werden ... aber jetzt sind da andere
Leute. Wenn das Essen eine Viertelstunde zu spät kommt, schreien
sie uns schon an." (SZ, 27. 4. 06) Wie gehen wir im Unternehmen
mit unserem Humankapital um? (Definiert nach *Dieter Frey* als „die
Summe aller intellektueller, motivationaler und integrativer Leistungen der Mitarbeiter").

Mobilität

Neben der geographischen Mobilität wächst die gesellschaftliche.
Das Engagement in sozialen Organisationen, wie z.B. Schulen, den
Verbänden steigt an. Die früher einseitige Abhängigkeit der Jüngeren
von den Älteren hat sich verkehrt. Die frühere Abhängigkeit der
Frauen von den Männern, der „Untergebenen" von den „Vorgesetz-

ten" weicht gegenseitiger Achtung und Diskussionsbereitschaft, Emanzipation und Kooperation. Äußere Autorität von „Gottes Gnaden" gilt weniger als innere Autorität. Es gibt mehr Chancen für alle, sich eine bessere Bildung anzueignen, auch wenn sie als eindeutiger Schutz gegen Arbeitslosigkeit fraglich geworden ist.

Liberalisierung

Früher gab es eine stärkere Gebundenheit an Traditionen, an die Zufriedenheit mit dem Bestehenden und den Wunsch, das von den Vorfahren Übernommene für die Nachkommen zu erhalten. Starre Konventionen und Konformismus aber sterben aus. Die Unabhängigkeit von Traditionen wird deutlich in starker Unzufriedenheit mit dem Bestehenden, in Nonkonformismus. Was den religiösen Standort betrifft und die Partnerwahl, so sind wir liberaler geworden. Sind wir es auch in Bezug auf die politische Einstellung, wie zum Beispiel die Schulpolitik? Sehen wir Erziehung als Führung, die zu eigener Kraft und Freiheit verhelfen soll? *Montessori:* „Hilf mir, es selbst zu tun!"

Pisa – plus und andere neue Schulstudien zeigen, dass Pädagogen ihre Lehrmethoden verbessern müssen. Es gibt Belege, dass vieles vom „Pauker" abhängt. Wir kennen drei Typen von Lehrern:

– Aktive (sind engagiert und arbeiten mit Kollegen zusammen, sind an Evaluation interessiert sowie an Fortbildung und Elternarbeit)
– Disziplinorientierte
– Passive

Das Unterrichtsgespräch dominiert. Selten gibt es individuelle Arbeitspläne und Projekte. Unterricht, in dem die Schüler Rezipienten sind, korreliert mit schlechten/stagnierenden Leistungen. Die didaktischen Fähigkeiten rücken stärker in den Blick. Viele Pädagogen sind mit aktuellen Konzepten nicht vertraut.

Wieviel Mut zur Erziehung zeigen wir? *Georg Christoph Lichtenberg:* „Ich fürchte, unsere allzu sorgfältige Erziehung liefert uns Zwergobst."

Ein Hang zu festen Regeln ist ein Nachteil in einer stark beschleunigten Welt: Ist dies ein Teil unserer nationalen Lebensphilosophie – ein Unterschied zum Pragmatismus?

Fazit: Vorsicht vor einer Ordnungsmacht, die Unordnung schafft!

Unausgewogene Lebensbewältigung

Sie zeigt sich vor allem an drei Phänomenen:

1. Es bestehen starke Spannungen zwischen Vergangenheit und Gegenwart einerseits und Zukunft andererseits.
2. Es besteht ein Widerstreit in dem Wunsch nach Bindung und gleichzeitiger Ungebundenheit, nach Freiheit und gleichzeitiger Zugehörigkeit, zwischen Arbeit und Freizeit. Diese Spannung ist insbesondere bei der jüngeren Generation zu beobachten.
3. Die Kraft, soziale Probleme zu bewältigen, ist nicht so groß wie die Leistungsfähigkeit der Technik. Wir fliegen zum Mond, aber wir werden nicht mit den Problemen der Jugend und der Alten fertig und schaffen es nur ungenügend, Ausländer zu integrieren. Wir bauen bessere Kraftfahrzeuge und wissen nicht, wie wir die immer noch zahlreichen jährlichen Verkehrstoten vermeiden können. Die Sozialwissenschaften haben einen starken Nachholbedarf gegenüber den technischen Wissenschaften.

Es zeigt sich, dass der Mensch weniger durch die Natur als durch sich selbst gefährdet ist. Missbrauch der Technik, Umweltzerstörung, Gewaltanwendung gehören zum täglichen Leben. Die Statistiken sprechen von steigenden Selbstmordquoten. Psychosomatische Krankheiten und Drogenabhängigkeit nehmen zu. Viele suchen Zuflucht in Sekten und spiritistischen Zirkeln.

Die neun Merkmale der gegenwärtigen, sich in die Zukunft fortsetzenden Situation sind:

1. Wissensexplosion und Intellektualisierung
2. Unsichere Kontrolle der Naturfaktoren
3. Existenzielle Bedrohung der Menschheit
4. Globalisierung und weltweites wirtschaftliches Ungleichgewicht
5. Unsicherer materieller Wohlstand
6. Demokratisierung
7. Mobilität
8. Liberalisierung
9. Unausgewogene Lebensbewältigung

2. Welche Konsequenzen ergeben sich aus der heutigen und künftigen Situation für das Management?

Oberstes Ziel ist die *Lebenserhaltung* und *-verbesserung* der Menschheit. Darauf müssen alle Entscheidungen gerichtet sein. Die Leitideen für die wirtschaftliche und soziale Zukunft müssen wir auf den Menschen ausrichten. Dies erfordert, dass die Technik als Mittel zur Lebensbewältigung angesehen wird, zur Potenzierung menschlicher Kräfte. Notwendig ist, dass wir uns mit den gesellschaftlichen Problemen identifizieren und uns an ihrer Lösung aktiv beteiligen – nicht nur durch Kritik, sondern mit aktiven Lösungen. Nicht Drückebergerei, sondern Verantwortung zählt: „Was mache ich durch mein Tun oder mein Nichttun möglich und was unmöglich?" Dies erfordert ständige Lernbereitschaft, sich wirklichkeitsnahes Wissen, praxisnahe Informationen, anzueignen. So ergibt sich, dass das Management *zunehmende soziale und ethische Verantwortung* hat.

Verstöße des Managements gegen Ethik werden in letzter Zeit – häufiger als früher – öffentlich diskutiert. Hier einige Beispiele:

- Über Monate verfolgen negative Schlagzeilen Unternehmen wie VW und Siemens.
- 1997 nimmt Deutschland Rangplatz 15 des „Korruptionsindex" ein.
- Ohne sich um die Abfallgesetze zu kümmern, transportierte ein 22-jähriger Unternehmer innerhalb von drei Jahren 60 Tausend Tonnen gefährlicher chemischer Stoffe auf Müllkippen.
- Ein Unternehmen bekam den Auftrag, im Ausland Röhren zu verlegen. Die Verstrebung für die Gräben hätte ca. 1 Million Dollar gekostet. Gesetzliche Vorschriften für eine Verstrebung gab es nicht. Da man nur mit wenigen Toten rechnen musste und die Abfindung an die Hinterbliebenen nur 3000 Dollar betrug, wurden die Gräben nicht verstrebt. Durch Erdrutsche kamen vier Arbeiter ums Leben.
- Manipulation von Unternehmensdaten schädigten Millionen von (Klein-)Aktionären.
- Vergehen gegen das Kartellrecht (bei der „Vitamin-Inc." mindestens 750 Mio. €) führen zu volks- und betriebswirtschaftlichen Schäden in Höhe von Hunderten Millionen Dollar.

Abb. 17: „Management hat soziale und ethische Verantwortung"
(Quelle: Oswald Huber/CCC, www.c5.net)

Solche krassen Fälle führen zu einem Klima, das Unternehmen und Managern nicht gerade wohlgesonnen ist. So schwankt denn auch das Unternehmerbild in der Öffentlichkeit.

Während für die einen der Unternehmer nach *Gerd Tacke*, dem früheren Generaldirektor von Siemens, „vom Halbgott über den Heros zum gefallenen Engel, zum Satyr und Teufel" gesunken ist, seufzen die anderen mit *Winston Churchill:* „Manche halten den Unternehmer für einen räudigen Wolf, den man totschlagen müsse, andere meinen, er sei eine Kuh, die man ununterbrochen melken könne. Nur die wenigsten sehen in ihm ein Pferd, das den Karren zieht."

Dies zeigt, wie notwendig es ist, nicht nur die ökonomische Rolle der Unternehmen, sondern auch ihre gesellschaftliche Rolle in die eigenen Betrachtungen einzubeziehen.

Was also ist zu tun? *Georg Winter,* Initiator des Bundesdeutschen Arbeitskreises für umweltbewusstes Management (BAUM), hat diese Frage für sein Unternehmen mit der Einführung neuer umwelt- und mitarbeiterorientierter Methoden beantwortet (z. B. Errichtung des

69

ersten deutschen baubiologischen Industriebaus, umweltorientierte Produkt- und Verfahrensentwicklung, Entsorgung und Recycling nach dem letzten Stand der Technik, umweltorientierte Mitarbeiterschulung). Dies brachte seinem Unternehmen beachtliche ökonomische Erfolge. Und der Bundesverband der Chemischen Industrie erklärte in seinen „Leitlinien der Chemischen Industrie": „Wenn es die Vorsorge für Gesundheit und Umwelt erfordert, wird sie ungeachtet der wirtschaftlichen Interessen auch die Vermarktung von Produkten einschränken oder die Produktion einstellen." Diese und andere Anstrengungen trugen zu einer generellen Aufwertung des Unternehmerbildes in der Öffentlichkeit bei und erhöhten zugleich den Erfolg der betreffenden Unternehmen. *Winter* begründet dies u. a. so:

„Umweltorientierte Unternehmensführung bedeutet Beteiligung an einem historischen Rettungswerk zur Bewahrung oder Wiederherstellung unserer natürlichen Lebensgrundlagen. Dieser zusätzliche, über den bloßen Erwerbszweck hinausgehende Sinn der Arbeit kann im Menschen ungeahnte zusätzliche Leistungskräfte erwecken. Insofern ist umweltorientierte Unternehmensführung eine gute Voraussetzung für erfolgreiche Unternehmensführung."

Gewinn wird ergänzt durch den gesellschaftlichen Nutzen des Unternehmens. Es kommt immer darauf an, wie Gewinn erzielt wird: auf Kosten der Gesellschaft oder zu ihrem Nutzen. Daher müssen Unternehmen alle Möglichkeiten ausschöpfen, bei denen sich ökonomische und gesellschaftliche Forderungen nicht ausschließen. Durch Arbeitsbereicherung beispielsweise steigt nachweislich nicht nur das Engagement der Mitarbeiter, sondern – infolge der daraus resultierenden geringeren Fluktuation, einem geringeren Krankenstand, besserer Qualität der Arbeit und damit der Produkte – auch die Produktivität. So fragt sich der heutige Manager mehr denn je (nach Managementzentrum, St. Gallen):

1. Wie müssen wir uns organisieren, damit das, wofür der Kunde uns bezahlt, im Zentrum der Aufmerksamkeit steht und von dort nicht wieder verschwinden kann?
2. Wie müssen wir uns organisieren, damit das, wofür das Management bezahlt wird, von diesem auch wirklich getan wird?
   Welche Ziele haben die Führungskräfte? Wie sind sie definiert? Wie werden die Resultate gemessen und beurteilt? Sind diese Zie-

le konsistent mit den Zielen des Unternehmens (nach „oben")?
Mit den Zielen der Mitarbeiter (nach „unten")?
3. Wie müssen wir uns organisieren, damit das, wofür wir unsere Mitarbeiter bezahlen, von diesen auch wirklich getan werden kann?

Sind Ziele, Kompetenzen und Verantwortung kongruent?

Sind die Anreizsysteme sinnvoll mit den Resultaten gekoppelt?

F. Malik: „Management ist ... der Beruf mit den größten gesellschaftlichen Wirkungen ..." Durch Management – und nicht durch den Markt werden die Ressourcen einer Gesellschaft einer produktiven oder unproduktiven Nutzung zugeführt ... Daher sind an die Ausbildung und Ausübung dieses Berufes die allerhöchsten Anforderungen zu stellen und daher muss es eine wirksame Kontrolle der Ausübung dieses Berufes geben ... Das Risiko eines Versagens des Managements ist viel zu groß, um es allein dem Markt zu überlassen. Die Kontrolle durch den Markt hat eine nachlaufende Wirkung, er hat nur eine bestrafende Wirkung und ist damit zu langsam. Er sagt, „wo und wie man (Ressourcen) einzusetzen gehabt hätte." (SZ, Nr. 48, 05)

Effizienz und *Humanität* sind *gleichberechtigte Grundlagen* für Führungsentscheidungen. Erst dann wird das Unternehmen so sein, wie *Peter Drucker* es in „Concept of the Corporation" beschreibt: das „Symbol eines sozialen Beispiels; nicht das Durchschnittliche, sondern das Repräsentative".

IV. Teil: Zusammenfassung

1. Führen heißt, einen Mitarbeiter bzw. eine Gruppe unter Berücksichtigung der jeweiligen Situation auf gemeinsame Werte und Ziele hin zu beeinflussen. Die gemeinsame Zielsetzung von Unternehmen und Mitarbeitern lautet: „Leistung und Engagement". Managementmethoden wie Management by Delegation, Management by Exception und Management by Systems helfen dabei.

2. Leistung setzt eindeutige messbare Ziele voraus. Nur mit ihrer Hilfe können zielgerichtete Maßnahmen optimal geplant, entschieden, realisiert und kontrolliert werden. Leistung setzt weiterhin engagierte Mitarbeiter voraus. Dies ist aber nur zu erreichen, wenn Unternehmen und Mitarbeiter gemeinsame Ziele haben. Ziele nehmen also eine zentrale Rolle im Führungsprozess ein.

3. Gemeinsame Ziele kommen mit Hilfe der Methode „Management by Objectives", also „Führen durch Zielvereinbarung" zustande.

4. Management by Objectives (MbO) bedeutet nicht aufgabenorientierte, sondern ziel- und ergebnisorientierte Unternehmensführung. MbO ist also zukunftsorientiert, eine Methode, mit der Führungskräfte und Mitarbeiter gemeinsame Ziele erarbeiten, diese durch Leistungsstandards präzisieren und die entsprechenden Kontrollverfahren festlegen.

5. Führungskraft und Mitarbeiter gehen gemeinsam auf der Grundlage der Unternehmensphilosophie die folgenden drei Schritte:
   1. Schritt: Vereinbaren von Zielen
   2. Schritt: Vereinbaren von Leistungsstandards
   3. Schritt: Vereinbaren von Kontrollverfahren

6. Es gibt:
   1. Rahmenziele
   2. strategische Ziele
   3. taktische Ziele
   4. operative Ziele

7. Prüfen Sie bitte, ob in Ihrem Unternehmen die folgenden zehn Fragen zur Unternehmensphilosophie beantwortet sind:
   (1) Was macht unser Unternehmen eigentlich wertvoll und damit unverwechselbar?

(2) Welches Marktinteresse soll wie befriedigt werden?
(3) Welches Verhältnis soll zu den Mitarbeitern bestehen?
(4) Welches Verhältnis zu unseren Lieferanten wollen wir pflegen?
(5) Wie wollen wir dem Interesse der Öffentlichkeit am Unternehmen genügen?
(6) Wie verhalten wir uns gegenüber Staat und speziell Fiskus?
(7) Wieweit lassen wir unseren Gläubigern in kritischen finanziellen Situationen Warnsignale zukommen?
(8) Was tun wir, um das Interesse der Aktionäre an ihren Einlagen zu sichern?
(9) Wie wollen wir mit dem Betriebsrat zusammenarbeiten?
(10) Wollen wir kurzfristig hohe Gewinne machen, oder wollen wir Gewinn vorrangig deshalb erzielen, um langfristig gut zu überleben?
(11) Haben alle Rahmenziele die gleiche Chance?

8. Es werden vier Arten operativer Ziele vereinbart:
   (1) Standardziele
   (2) Problemlösungsziele
   (3) Innovationsziele
   (4) persönliche Entwicklungsziele

9. Jeder Mitarbeiter beantwortet sich dazu selbst und seiner Führungskraft die folgenden sechs Fragen:
   (1) Welche persönlichen Ziele und Erwartungen habe ich?
   (2) Welche davon möchte ich in meiner jetzigen Tätigkeit verwirklichen?
   (3) Wie, glaube ich, werden sich meine Ziele und Erwartungen mit der Zeit ändern?
   (4) Welches sind die betrieblichen Ziele?
   (5) Wie werden meine Ziele durch die betrieblichen Ziele beeinflusst?
   (6) Wie können die Unternehmensziele und meine persönlichen Ziele aufeinander abgestimmt werden?

10. Leistungsstandards präzisieren Ziele so, dass klar ist, wie gut etwas getan werden soll (Qualität, Quantität, Kosten, Termine, Güte der Zusammenarbeit).

Prüfen Sie daher: Sind meine Ziele
(1) messbar formuliert?
(2) terminbezogen?
(3) quantifiziert bzw., wenn dies nicht möglich ist, wenigstens qualitativ bestimmt oder als Aktion beschrieben?
(4) durch Ober- und Untergrenzen bestimmt?
(5) integriert?
(6) widerspruchsfrei?
(7) realistisch?
(8) bezüglich der Zielerfüllung beurteilbar?

11. Kontrollverfahren dienen zur Feststellung, ob und inwieweit die Ziele erreicht worden sind.

12. Für die Einführung von „Management by Objectives" empfiehlt sich:
(1) Identifikation der Führungskräfte mit dem Konzept
(2) Unterstützung durch die Unternehmensleitung
(3) Ein Projektteam plant und informiert
(4) Schulung von Führungskräften und Mitarbeitern
(5) Ein Zeitraum von bis zu drei Jahren für das gesamte Unternehmen bzw. 2 bis 6 Stunden für das erstmalige Vereinbaren messbarer Ziele mit jedem Mitarbeiter

13. „Management by Objectives" fördert die Motivation des Mitarbeiters durch:
– Kommunikation im „Gegenstromverfahren"
– vereinbarte Ziele, die zur Leistung anregen
– größere Handlungsfreiheit
– selbstverantwortliche Kontrolle
– präzise und damit als gerecht empfundene Leistungsmessung
– Anerkennung von Erfolgen

„Management by Objectives" hilft, die Ziele des Unternehmens wie auch die persönlichen Ziele des Mitarbeiters zu verwirklichen. Lokomotion und Kohäsion stehen in einem ausgewogenen Verhältnis.

14. Es gibt neun Merkmale der heutigen und künftigen Situation:
(1) Wissensexplosion und Intellektualisierung
(2) Unsichere Kontrolle der Naturfaktoren
(3) Existenzielle Bedrohung der Menschheit

(4) Globalisierung und weltweites wirtschaftliches Ungleichgewicht
(5) Unsicherer materieller Wohlstand
(6) Demokratisierung
(7) Mobilität
(8) Liberalisierung
(9) Unausgewogene Lebensbewältigung

15. Es ergibt sich, dass Organisationen – stärker als bisher – auf die Umwelt, das welt- und volkswirtschaftliche Umfeld und den Menschen – Kunden und Mitarbeiter – auszurichten sind.

V. Teil: Checkliste zur Selbstkontrolle

	Bemerkungen/ Forderungen
1. Welche der folgenden Management-Techniken habe ich in meinem Führungsbereich schon eingeführt? – Management by Objectives – Management by Delegation – Management by Exception	
2. Sind mir die Grundzüge des Management by-Systems und des Modells des Regelkreises klar?	
3. Wieweit ist mir der Zusammenhang zwischen den Management-Techniken deutlich?	
4. Welche konkret umsetzbaren Anregungen hat mir das Arbeitsheft gegeben?	
5. Welche Elemente der genannten Management-Techniken lassen sich in meinem Bereich realisieren?	
6. Wie werde ich Führungskräfte und Kollegen für solche Veränderungen gewinnen?	
7. Wie kann ich möglichen Widerständen von außerhalb begegnen? (siehe Faltblatt „Management des Wandels", Literatur-Verzeichnis)	
8. Wo sehe ich bei der Durchführung von einzelnen Management-Techniken bei mir selbst Schwächen?	
9. Wo habe ich selbst Widerstände gegen die Management-Techniken?	
10. Welche Identifikationsschwierigkeiten habe ich?	
11. Welche Unterstützung benötige ich von meinen Führungskräften und Mitarbeitern, um diese Techniken einzuführen?	
12. Was muss ich tun, um die einzelnen Techniken in meinem Bereich einzuführen?	
13. Welche Voraussetzungen werde ich schaffen, um die Bereitschaft und die Reife meiner Mitarbeiter für die Durchführung der neuen Techniken zu erhöhen?	
14. Wie lautet die Vision der Philosophie meines Unternehmens?	
15. Was sind die aktuellen Unternehmensstrategien?	

	Bemerkungen/ Forderungen

16. Bin ich mir über die aktuelle Zielsetzung in meinem
    Führungsbereich im Klaren und mit meinem Chef,
    meinen Kollegen und meinen Mitarbeitern darüber
    einig?
17. Habe ich für jeden meiner Mitarbeiter Standardziele,
    Problemlösungsziele, Innovationsziele und
    persönliche Entwicklungsziele vereinbart?
18. Habe ich meine Mitarbeiter angeregt, sich selbst
    Gedanken über die Ziele ihres Tätigkeitsbereichs zu
    machen?
19. Habe ich nicht mehr als sieben Ziele vereinbart?
20. Nehme ich Aufgaben wahr, für die ich keine Ziele
    nennen kann?
21. Sind alle Ziele durch Leistungsstandards präzisiert?
    Sind meine Ziele:
    – messbar formuliert?
    – terminbezogen?
    – quantifiziert bzw. qualitativ oder als Aktion
      beschrieben?
    – durch Ober- und Untergrenzen bestimmt?
    – integriert?
    – widerspruchsfrei?
    – realistisch?
    – bezüglich der Zielerfüllung beurteilbar?
22. Habe ich die Art und die Termine der Kontrolle
    mit dem Mitarbeiter vereinbart?
23. Sind Kontrollverfahren mit dem Mitarbeiter vereinbart,
    mit Hilfe derer er sich weitgehend selbst kontrollieren
    kann?
24. Lasse ich der Selbstkontrolle des Mitarbeiters
    reifegradspezifisch Raum?
25. Nutze ich Kontrolle mehr dazu, positives Verhalten
    zu verstärken, als negative Abweichungen
    festzustellen?

	Bemerkungen/ Forderungen

26. Wieweit führe ich reifegradspezifisch Fortschrittsbesprechungen durch, um den Grad der Zielerfüllung
festzuhalten, die Abweichungen vom Ziel zu
präzisieren, die Ursachen für diese Abweichungen zu
analysieren und eine „Therapie" einzuleiten?

27. Welche Möglichkeiten zur Verstärkung der Selbstkontrolle bei mir und den Mitarbeitern habe ich?

28. Wieweit prüfe ich meine Ziele laufend auf ihre
Wertschöpfung?

29. Welches sind die aktuellen und potenziellen
Anforderungen aus der veränderten Situation an das
Unternehmen? Welche Ziele ergeben sich daraus?

30. Wieweit habe ich das Zielsystem auf vorhandene und
potenzielle Konflikte hin überprüft und bereinigt?

31. Sind die Zielbereiche, Verantwortungsbereiche und
Befugnisse meiner Mitarbeiter genau abgestimmt?

32. Habe ich klar getrennt zwischen Führungs- und
Handlungsverantwortung?

33. Bin ich selbst bereit, nicht dauernd in die Zielbereiche
der Mitarbeiter hineinzuregieren?

34. Haben meine Mitarbeiter die Qualifikation für ihre
Ziele?

35. Habe ich Informationsrechte und -pflichten in meinem
Führungsbereich vereinbart?

36. Schiebe ich nur Arbeit ab, oder delegiere ich wirklich?

37. Habe ich Ausnahmefälle in Form von Toleranzbereichen vereinbart?

38. Habe ich ein gutes Informationssystem für die
Messung von Ausnahmefällen?

39. Wieweit kann ich meine persönlichen und beruflichen
Zielsetzungen durch Beiträge zu den Unternehmens-
zielen verwirklichen?

40. Was werde ich an künftigen Zielvereinbarungen
verbessern?

Literaturverzeichnis

Bennis, W./Nanus, B.	Führungskräfte. Die vier Schlüsselstrategien erfolgreichen Führens, 5. Auflage, Frankfurt/M. 1992
Berendt, R. F.	Tugenden für die technische Welt, in: Briefe der Führungsakademie der Deutschen Bundespost, erschienen in den IBM-Nachrichten
Blomer, Roland/ Bernhard, Martin G. (Hrsg.)	Balanced Scorecard in der IT, Düsseldorf 2002
DeMarco, T.	Der Termin. Ein Roman über Projektmanagement, München 1998
Drucker Foundation	Organisation der Zukunft, Düsseldorf 1998
Goldratt, E. M./ Cox, J.	Das Ziel – Höchstleistung in der Fertigung, 2. Auflage, Hamburg 1995
Heinen, E.	Industriebetriebslehre, 9. Auflage, Wiesbaden 1991
Humble, J. W.	Ziele setzen, Gewinne steigern, München 1969 **(Klassiker!)**
Iacocca, L.	Mein amerikanischer Traum, 3. Auflage, Düsseldorf 1989
Jaquith, D.	Standards of Performance, Leistungsnormen und Leistungsabsprachen, Übersetzung aus dem Amerikanischen, management centre/europe
Knebel, H./ Schneider, H.	Führungsgrundsätze. Leitlinien für die Einführung und praktische Umsetzung, 2. Auflage, Heidelberg 1994
Mann, R.	Das ganzheitliche Unternehmen, 6. Auflage, Stuttgart 1995
Odiorne, G. S.	Management by Objectives, München 1973 **(Klassiker!)**
Stroebe, R. W.	Faltblatt „Führen durch Zielvereinbarung" Faltblatt „Führung" Faltblatt „Konflikt-Management" (mit Prof. Dr. K. Berkel) Faltblatt „Motivation" und „Management des Wandels", Broschüren „Unternehmerisch denken und handeln" sowie „Projektmanagement" (mit Antje Stroebe) Karikaturenbuch „Coo-petition" (2007)

Plakate „Besprechungen" und „Energie- und Zeit-
management"
Management know how compact – interaktives Ler-
nen mit CD-ROM
zu bestellen bei: Irmgard Stroebe, Kuckuckstr. 47,
82237 Wörthsee, Tel. 08153/7685, Fax 08153/89403
http://www.manager-training.de
e-mail: stroebe@manager-training.de

Stroebe, R. W.   Grundlagen der Führung – mit Führungsmodellen.
Arbeitshefte Führungspsychologie, Band 2, 12. Auf-
lage, Frankfurt 2006

ders.   Kommunikation I – Grundlagen – Gerüchte –
Schriftliche Kommunikation. Arbeitshefte Führungspsychologie, Band 5, 6. Auflage, Heidelberg
2001

ders.   Kommunikation II – Besprechungen. Arbeitshefte
Führungspsychologie, Band 6, 8. Auflage, Heidelberg 2002

ders.   Arbeitsmethodik I – Grundeinstellung zum Zeit- und
Energiemanagement. Arbeitshefte Führungspsycho-
logie, Band 7, 8. Auflage, Heidelberg 2000

Stroebe, R. W./
Stroebe, Antje   Motivation durch Zielvereinbarungen – Engagement
in der Arbeit – Erfolg in der Umsetzung. Arbeits-
hefte Führungspsychologie, Band 56, 2. Auflage,
Frankfurt 2006

Wildenmann, Bernd   Die Faszination des Ziels, 2. Auflage, Neuwied 2002

Winter, G.   Das umweltbewußte Unternehmen. Ein Handbuch
der Betriebsökologie mit 22 Check-Listen für die
Praxis, 5. Auflage, München 1993

Zur Person des Autors:

Dr. Rainer W. Stroebe

Studium der (Wirtschafts-)Psychologie.
Danach Leiter der Aus- und Fortbildung eines süddeutschen Großunternehmens.

Seit 1970 selbstständig mit den Schwerpunkten:
- Management-Training
- Persönlichkeitsentwicklung
- Organisationsentwicklung
- Ausbildung von Management-Trainern
- Coaching

Veröffentlichungen im Verlag Recht und Wirtschaft zu Kernthemen des Management-Trainings. (Bände 2–9 der Arbeitshefte zur Führungspsychologie mit *Antje I. Stroebe* Heft 56 „Motivation durch Zielvereinbarungen")

Arbeitsmaterialien für Führungskräfte (z.B. Faltblätter, CD-ROM, Karikaturenbücher, Plakate „Besprechungen", „Energie- und Zeit-Management", Broschüren „Projekt-Management", „Unternehmerisch denken und handeln") im
Selbst-Verlag, Kuckuckstr. 47, 82237 Wörthsee,
Tel. 08153/7685, Fax 08153/89403, http://manager-training.de,
e-mail: stroebe@manager-training.de

Arbeitshefte
Führungspsychologie

Betriebs
Berater
MANAGEMENT

Herausgegeben von Prof. Dr. **Ekkehard Crisand** und
Prof. Dr. **Gerhard Raab**.

Verlag Recht und Wirtschaft
Frankfurt am Main
www.ruw.de
wagner@betriebs-berater.de

Arbeitshefte
Führungspsychologie

Betriebs Berater
MANAGEMENT

Verlag Recht und Wirtschaft
Frankfurt am Main
www.ruw.de
wagner@betriebs-berater.de